高 等 学 校 教 材

过程装备与控制工程概论

涂善东 编著

INTRODUCTION OF PROCESS EQUIPMENT AND CONTROL ENGINEERING

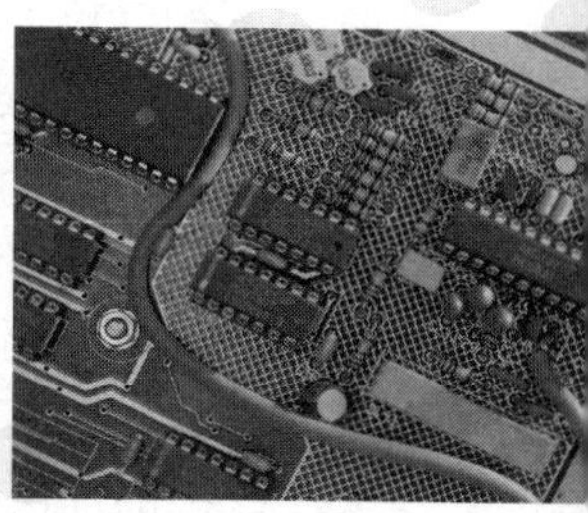

化学工业出版社
·北京·

本书介绍过程装备与控制工程学科所涵盖的内容及大学教育状况，致力用通俗易懂的科学原理阐释现代过程装备与控制工程的概念，简要介绍了六大过程与设备原理，重点介绍了过程装备与物质转化和能源生产的关系，并就本科生教育、研究生教育与本科生就业状况做了较全面的介绍。

本书以全面工程教育理念为指导，努力沟通科学与工程，激发学生的创新能力和工程意识，可作为一年级大学生的工程通识教材，或作为工程文化普及的阅读资料，也可作为高中学生填报高考志愿的参考书。

图书在版编目（CIP）数据

过程装备与控制工程概论/涂善东编著. —北京：化学工业出版社，2009.8 （2023.8重印）
高等学校教材
ISBN 978-7-122-05951-2

Ⅰ.过… Ⅱ.涂… Ⅲ.①化工过程-化工设备-高等学校-教材②化工过程-过程控制-高等学校-教材 Ⅳ.TQ02

中国版本图书馆 CIP 数据核字（2009）第 099599 号

责任编辑：程树珍　　装帧设计：杨　北
责任校对：王素芹

出版发行：化学工业出版社（北京市东城区青年湖南街 13 号　邮政编码 100011）
印　　装：三河市延风印装有限公司
720mm×1000mm　1/16　印张 7½　字数 100 千字　2023 年 8月北京第 1 版第 11 次印刷

购书咨询：010-64518888　售后服务：010-64518899
网　　址：http://www.cip.com.cn
凡购买本书，如有缺损质量问题，本社销售中心负责调换。

定　　价：25.00 元

过程装备与控制工程学科发展与振兴我国制造业

代　序

工程是人类将现有状态改造成所需状态的实践活动，而工程科学是关于工程实践的科学基础。现代工程科学是自然科学和工程技术的桥梁。工程科学具有宽广的研究领域和学科分支，如机械工程、化学工程、材料工程、信息工程、控制工程、能源工程、冶金工程、建筑与土木工程、水利工程、采矿工程科学和电子/电气工程科学等。现代过程装备与控制工程是工程科学的一个分支，严格地讲它并不能完全归属于上述任何一个研究领域或学科。它是机械、化学、电学、能源、信息、材料工程乃至医学、系统工程学等学科的交叉学科，是在多个大学科发展的基础上交叉、融合而出现的新兴学科分支，也是生产需求牵引、工程科技发展的必然产物，过程装备与控制工程学科因此具有强大的生命力和广阔的发展前景。

学科交叉、融合和用信息化改造传统的“化工设备与机械”学科产生了过程装备与控制工程学科。化工设备与机械专业是在建国初期向苏联学习在我国几所高校首先设立后发展起来的，半个多世纪来，毕业生几乎一直供不应求，为我国社会主义建设输送了大批优秀工程科技人才。1998年3月教育部应上届教学指导委员会建议正式批准建立了“过程装备与控制工程”专业。这一专业在美欧等国家本科和研究生专业目录上是没有的，而在我国已有近百所高校开设这一专业，是适合我国国情，具有中国特色的一门新兴交叉学科。过程装备与控制工程是加工制造流程性材料的由过程单元设备和机泵群通过管路、阀等连成的机电仪监控一体化的连续性复杂系统。过程装备与控制工程学科作为研究上述复杂系统关键技术及其相关工程科学的一门新兴学科，具有如下主要特征。

① 过程装备：与生产工艺即加工流程性材料紧密结合，有其独特的过程单元设备和工程技术，如传质过程、传热过程、流动过程、反应过程、热力过程、机械过程及其设备等，与一般机械设备完全不同，有动和静，通用和专用，标准和非标准，流体和粉体等设备之分。

② 控制工程：对过程装备及其系统的状态监测检测、故障诊断预测、控制、安全保护，以确保生产工艺有序稳定运行，提高过程装备的可靠度和功能可利用度。

③ 过程装备与控制工程：是指机、电、仪一体化连续运行的复杂系统，它需要长周期稳定运行；并且系统中的各组成部分（机泵、过程单元设备、管道、阀、监测仪表、计算机系统等）均互相关联、互相作用和互相制约，任何一点发生故障都会影响整个系统；又由于加工的流体和粉体材料有些易燃、易爆、有毒或是加工过程要在高温、高压下进行，系统的安全可靠性十分重要。因此，过程装备与控制工程是过程生产线过-装-控集成的成套装备工程，作为一门学科，又要研究装备的全生命周期中的问题：研制、设计、建造、运行、维修、废弃、回收、再制造。

过程装备与控制工程的上述特点就决定了过程装备与控制工程学科研究的领域十分宽广，涉及机械、化工、材料、动力、电、信息、控制与自动化、腐蚀与防护等多个专业领域。

过程装备与控制工程除了少数几个研究领域如混合工程、反应工程、分离工程及设备和密封技术为本学科的独有外，其它研究方向几乎也都是其它相关学科的研究方向。举例如下：

过程装备的压缩机、风机、泵属于流体机械与工程学科；压力容器设计计算属于工程力学学科；焊接对过程装备至关重要，属于机械制造及其自动化学科；过程装备选材和腐蚀防护属于材料科学与工程学科；过程装备检验属于检测技术与自动化装置学科；过程装备控制又属于控制理论与控制工程学科等。

由此可见，过程装备与控制工程学科的特点与绝大多数学科是不同的：

一是要以机电工程为主干与工艺过程密切结合，研究和创新单元工艺装备；

二是与信息技术和知识工程密切结合，实现智能监控和机电一体化；

三是不仅研究单一的设备和机器，而且更主要的是要研究与过程生产融为一体的机、电、仪连续复杂系统，在工程上就是要设计建造过程工业大型成套装备。因此，要密切关注其它学科的新的发展动向，博采众长、集成创新，把诸多学科最新研究成果之他山之石为我所用；要善于把相关学科开的花移植到过程装备与控制工程学科结出果；

四是要以现代系统论为指导，研究本学科过程装备与控制工程复杂系统独特的工程理论，要把整个复杂系统作为研究对象，应用系统论研究过-装-控系统总成（过程成套装备设计制造)、过程生产装置长周期有序稳定运行以及监控和可靠性问题。

过程装备与控制工程的学科特点决定了它与过程工业、装备制造业和服务型制造业密切相关。

过程工业是国民经济的支柱产业；是发展经济提高我国国际竞争力的不可缺少的基础；过程工业是提高人民生活水平的基础；过程工业是保障国家安全、打赢现代战争的重要支撑，没有过程工业就没有强大的国防；过程工业是实现经济、社会发展与自然相协调从而实现可持续发展的重要基础和手段。

装备制造业是为国民经济和国防建设提供技术装备的基础产业，振兴装备制造业，是提高我国国际竞争力，实现国民经济全面、协调和可持续发展的战略举措。

服务型制造业有助于使中国经济高投入的增长模式转变为高附加价值的增长模式；服务型制造有助于实现“中国代工”向“中国制造”转变；缓解中国区域经济发展不平衡，促进大中型企业的国际化，带动中小企业的快速发展；提升企业创造价值的能力和成套服务能力，从而提升装备制造业的整体水平和国际竞争力。

显而易见，过程装备与控制工程在国民经济的建设中具有十分重要的地位。作为应用科学和工程技术，它的发展会立竿见影，直接促进国民经济的发展。过程装备的现代化同时也促进了机械工程、材料工程、热能动力工程、化学工程、电工程、信息工程等工程技术的发展。

我们不仅要看到过程装备与控制工程是一个新兴的学科，是博采诸多自然科学学科的成果而综合集成的一项工程技术，而忽略了反过来的一面，一个反馈作用，也就是过程装备与控制工程学科也应对自然科学的发展做出贡献。实际上，早在18世纪末期，自然科学的研究就超出了自然界，而是包括了整个世界即自然界和人工自然物。过程装备与控制工程属人工自然物，它也理所当然是自然科学研究的对象之一。工程科学能把过程装备与控制工程在工程实践中的宝贵经验和初步理论精练成具有普遍意义的规律，这些工程科学的规律就可能含有自然科学现在没有的东西。所以对工程科学研究的成果即工程理论再加以分析，再加以提高就可能成为自然科学的一部分。如蒸汽机的发明引发了工业革命，从研究蒸汽机所引伸出来的卡诺循环原理，再进而形成的热力学理论，不仅奠定了现代热机创新的理论基础，也成为自然界遵循的基本规律。因此对现代过程装备与工程的研究也有可能创造出新的工程科学的理论或自然科学的理论，为自然科学的发展做出应有的贡献。

但是过程装备与控制工程是应用于大型过程工业的复杂系统，抑或在今后应用于微型化学机械系统，对它的研究不会是向牛顿观察落下来的苹果发现万有引力或是法拉第与他的弟子应用磁铁和导线在实验室里创造电磁学说那么简单，而是需要有诸多学科专门人才的学术团队的共同协作和努力，需要现代化的实验装备和测试手段，需要计算机和先进的软件。

我国科技部和国家自然科学基金委员会在本世纪初发表了《中国基础学科发展报告》，其中分析了世界工程科学研究的发展趋势和前沿，这也为过程装备与控制工程学科的发展指明了方向，值得借鉴和参考。

① 全生命周期的设计/制造正成为研究的重要发展趋势。由过去单纯考虑正常使用的设计，前后延伸到考虑建造、生产、使用、维修、废弃、回收和再利用在内的全生命周期的综合决策。过程装备的监测与诊断工程、绿色再制造工程和装备的全寿命周期费用分析、安全和风险评估以及以可靠性为中心的维修等正在流程工业开始得到应用。

② 工程科学的研究尺度向两极延伸。过程装备的大型化是多年发展方向，近年来又有向微小型化集成的发展趋势。

③ 广泛的学科交叉、融合，推动了工程科学不断深入、不断精细化，同时也提出了更高的前沿科学问题，尤其是计算机科学和信息技术的发展冲击着每个工程科学领域，影响着学科的基础格局。学科交叉导致传统的生产观念和生产模式发生了根本转变，随着需求个性化，制造信息化的进程，传统的生产观念由单纯的物质制造向与信息融合制造转变。过程装备与控制工程学科发展必须依靠学科交叉和信息化。过程装备复杂系统的监控一体化和数字化是发展的必然趋势。

④ 产品的个性化、多样化和标准化已经成为工程领域竞争力的标志，要求产品更精细、灵巧并满足特殊的功能要求，产品创新和功能扩展/强化是工程科学研究的首要目标，柔性制造和快速重组技术在大流程工业中也得到了重视。过程装备与控制工程学科的发展要十分重视发明专利和标准，这样才能结束我国重大过程装备“出不去，挡不住”的局面。

⑤ 先进工艺技术得到前所未有的广泛重视，如精密、高效、短流程、虚拟制造等先进制造技术对机械、冶金、化工、石油等制造工业产生了重要影响。这些先进的工艺技术同样会促进过程装备的制造。

⑥ 可持续发展的战略思想渗透到工程科学的多个方面，表现了人类社会与自然相协调的发展趋势。制造工业和大型工程建设都面临着有限资源和破坏环境等迫切需要解决的难题，从源头控制污染的绿色设计和制造系统为今后发展的主要趋势之一。

高素质的工程师源于高质量的工程教育。要培养高素质的工程师，工科高等教育特别是过程装备与控制工程学科必须改革和创新。将军是战场上打出来的，一流的工程科技人才是在大的工程实践中磨练出来的。高等工程教育目标只提培养高级专门人才、学校不注重培养工程师、大学毕业生不能适应工程实际需要的状况应该改变。

(1) 科学研究要与工程实践相结合

科研工作应从过去只重视文章和鉴定成果的状态下，变成开放的同经济建设主战场密切联系的大系统中去定位。科研成果转化率低的可怜的状况必须改变。开展科研选题，既要重视搜索文献，跟踪国际先进水平，又要重视从工程实践中，从人工自然物的复杂系统中去提炼新的课题，创新工程理论。创新之根在实践，既要在学校的实验室研究，又要重视在工厂、城市、社会大实验室中的实践。工科院校的教师，特别是专业课教师应有工厂实践经验，必要时从工厂工程师中选派教师。学生光有书本知识，从校门到校门不利于工程师的培养。

(2) 应鼓励学科交叉与团队协作

那些在专业知识之外，能掌握并广泛了解不同学科为基础的相关领域知识的人是明天的获奖者。在知识环境中需要有广度和深度思维，非常专业化已经不够。拆除那些隔离传统大学院系之间的围墙是至关重要的。

(3) 培养有终生学习能力的人才

知识新陈代谢越来越快，工程师知识必须不断更新。学校教育的根本是教人如何学习，才能适应社会的快速变化。正规教育不仅要提供专业教育，而且要培养学生有终生学习能力。

纵观历史，世界上的一流大学，都是在不同历史时期为本国经济和军事的振兴作出突出贡献，使其走上世界经济发展的前列，从而称雄世界。我们国家要建设世界一流大学，首要的标志也应该是为中国经济发展和国防建设作出杰出成就。我国和世界最发达的国家处于不同的经济发展阶段，不去解决我国经济发展主战场的理论和科学技术问题，而去和现在世界一流大学比论文，比SCI，只关注

"他引"，不关心"己用"这样"拔苗助长"创世界一流大学值得深思。工程教育应该以培养工程师为主要目标，要坚持产学相结合，鼓励毕业生到生产第一线去。高等院校特别是过程装备与控制工程等相关学科应成为企业自主创新的同盟军，研发出具有自主知识产权的国际一流技术并且在我国的工厂应用，在世界装备市场竞争中争当强者，让中国制造的装备走向世界，让中华品牌誉满全球，为我国从制造大国变成制造强国作出贡献。

正是基于对过程装备与控制工程学科的深入认识，近年来涂善东教授带领其教学团队积极探索综合化工程教育，为一年级新生开设了过程装备与控制工程专业概论课程，旨在使大学生对本门学科有较全面的认识，激发他们的创新与实践的热情。涂善东教授还在繁重的教学、科研与管理工作之余，勤于笔耕，编著了过程装备与控制工程专业概论，致力用通俗易懂的科学原理阐释现代过程装备与控制工程的概念，并就本科生教育、研究生教育等做了较全面的介绍，相信本书的出版有助于年轻的学生们对本学科的全面了解，提升他们的工程意识和创新能力，同时作为工程文化普及的读物，起到提高公众工程科学素养的作用。

海阔天空任飞跃。中国正处在空前的举世瞩目的经济高速发展时期，振兴我国制造业的广阔天地，大有作为！建设创新型国家的历史重任已落在了现在的科学家和工程师们的身上，但也更有赖于今天的大学生——未来的科学家和工程师们，希望他们能自强不息，为中华复兴，为中华民族立足于世界民族之林做出新的更大的贡献！

高金吉

中国工程院院士

北京化工大学　教授

教育部高等学校过程装备与控制工程专业

教学指导分委员会主任委员

2009 年 7 月

前　言

随着科学技术的进步，石油化工、能源、冶金、制药、食品、电子、生命科技等领域的迅猛发展给过程机械技术带来了新的发展机遇。更新相应的专业教育体系，拓宽教学内容，使培养的人才具有更宽的面向和更强的适应性，成了20世纪90年代工程教育改革的必然要求。通过充分的研讨，原“化工机械”专业纳入了相关专业的内容，于1998年经教育部批准正式更名为“过程装备与控制工程”专业。十余年的实践表明，过程装备与控制工程专业在复杂的市场经济条件下具有强劲的生命力，在国民经济建设中日显其重要性。

进入21世纪后，促进工程教育改革的呼声日益高涨，工程教育回归工程、强调多学科的综合与集成已成为大趋势。过程装备与控制工程作为一个集机械、化学、能源、控制、材料等多个学科知识体系于一体的典型综合性专业，所涉及的工业领域的产值占到了整个制造业的50%以上，显然其人才培养的质量直接影响着我国相关企业的创新能力和竞争力。这一特定的时代背景，要求过程装备与控制工程的教育能够面向建设创新型国家的目标，在工程教育改革中领先一着，处理好学科交叉与综合的教学问题，以全面提高学生的工程素质及工程创新能力。

正是本着这样的要求，笔者和他的同事们针对传统培养方案中大学一、二年级的教学缺乏工程通识教育的现状，于2005年秋面向一年级新生开出了“现代过程装备与控制工程概论”的公选课程，致力用通俗易懂的科学原理阐释现代过程装备与控制工程的概念。期望学生通过学习既见“树木”又见“森林”。即在大学之初先接触一定的面，了解过程装备与控制工程在国民经济建设、科学技术进步与社会发展中的巨大作用，了解一定的过程机械原理和典型的应用，并对专业的培养目标、教学安排、实践训练及职业生涯的发展有所了解；进而在今后学习相关基础课程与单元设备及机器时，激发出更高的热情，更进而在大学后期，能够设计出相关单元（所谓“树木”）并集成为成套过程装置（所谓“森林”）。

本书是在笔者及其同事们教学讲义的基础上成稿的，共分五章进行论述。在第1章中论述过程装备学科对社会进步的巨大贡献，定义了过程装备与控制工程学科，介绍了历史上的过程装备技术以及面向高技术的过程装备与控制工程；第2章作为过程机械原理的入门，介绍了六大过程与设备原理，包括流体动力过程、热量传递过程、质量传递过程、动量传递过程、热力过程以及化学反应过程；第3章介绍典型的物质转化过程，包括炼油过程、乙烯裂解过程、化肥生产过程、煤气化过程、生物转化过程等，说明过程装备是物质转化的基础；第4章介绍各种发电过程和核心装备，如火力发电过程、原子能发电过程、生物质发电过程等，说明过程装备是当今社会能源生产的核心；第5章介绍过程装备与控制工程教育，包括本科生教育、研究生教育与本科生就业状况，期望学生通过阅读能对今后的学习和职业生涯尽早作出规划。

本书是集体教学的结晶，潘家祯教授负责本书第2章的讲授并提供了相关素材，汪华林教授与轩福贞教授分别负责第3章和第4章的讲授并提供了部分素材，第5章由周邵萍教授讲授并提供素材。他们在科学研究中努力工作，卓有成就，保证了课程内容的先进性与前瞻性。笔者对他们的贡献表示衷心的谢意。

由于本书是“过程装备与控制工程”专业教学改革的尝试与探索，又限于笔者水平和写作时间，其中内容未免挂一漏万，错误观点在所难免，切望广大读者批评指正，并在教与学中作相应的纠正与完善。

涂善东

2009年5月16日

于华东理工大学

目　录

第1章 过程装备学科发展与社会进步

1.1 什么是过程装备与控制工程

在这个世界上，人们可以失去很多东西，但失去其中一些东西，将大大改变人们生存的方式和生活的含义。不妨设想一下：

——如果没有合成氨和尿素装置……，人类的粮食会大面积减产，世界上有大量的人群将因此忍受饥饿；

——如果没有炼油装置……，汽车将无法跑动，飞机将无法飞行；

——如果没有现代锅炉和发电装置……，空调、冰箱将无法使用，夜间的城市将处于昏黑之中；

——如果没有药物合成装置……，人类的平均寿命会大为缩短；

——如果没有电子材料的制造装置……，先进的计算机技术无法实现，人们或许不得不要靠传话通信；

——如果没有先进的制氢装置……，未来的氢能时代将无从谈起。

过程装备与控制工程是一门研究和实现上述装置的重要学科。它致力将先进的过程工艺或构想通过设计放大（或缩小）、制造而变成现实，并保障其高效、安全和集约运行（如图 1-1 所示）。

过程装备与控制工程服务并引领过程工业的发展。按照国际标准化组织（ISO/DIS9000：2000）的定义，社会经济过程中的全部产品可分为四类，即硬件产品、软件产品、流程性材料产品和服务型产品。“流程性材料”主要是指以流体（气、液、粉体等）形态存在的材料。过程

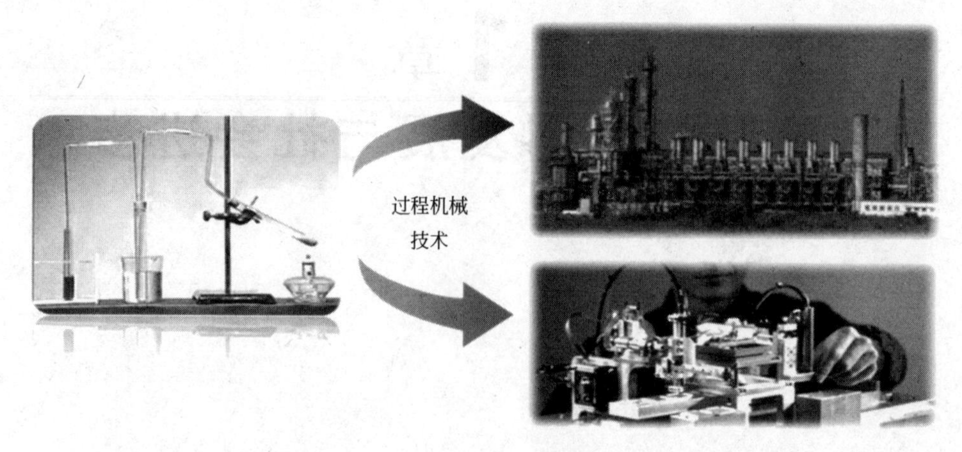

图 1-1 将工艺构想变成现实的过程装备与控制工程

工业因此可以定义为是加工制造流程性材料产品的现代制造业。一般的，装备制造业是以物件的加工和组装为核心的产业，根据机械电子原理加工零件并装配成产品，但不改变物质的内在结构，仅改变大小和形状，产品计件不计量。而过程工业（过程制造业）则是以物质的化学、物理和生物转化，生成新的物质产品或转化物质的结构形态，产品计量不计件，一般为连续操作（偶或间歇操作），生产环节具有一定的不可分性，涉及化学资源、矿产资源、生物资源利用的产业（石油化工、冶金、发电、制药）等；过程工业是国家的重要支柱产业，国家财税收入的主要来源，其发展状况直接影响国家的经济基础。在整个制造业中，过程工业的产值比重接近 50%，利税贡献更为显著，增值税达 52%（2001 年）[1]。目前在各种工业领域所涉及的基本过程大体可以分解为：

① 流体动力过程（fluid dynamical process） 遵循流体力学规律的过程，它涉及泵、压缩机、风机、管道和阀门等；

② 热量传递过程（heat transfer process） 遵循传热学规律的过程，它涉及热量交换过程及设备，即换热器或热交换器；

③ 质量传递过程（mass transfer process） 遵循传质诸规律的过程，它涉及有关干燥、蒸馏、浓缩、萃取等传质过程及装备；

④ 动量传递过程（momentum transfer process） 遵循动量传递及固体力学诸规律的过程，它涉及固体物料的输送、粉碎、造粒等过程及设备；

⑤ 热力过程（thermodynamic process） 遵循热力学诸规律的动力

过程，它涉及发电、燃烧、冷冻、空气分离等过程及设备；

⑥ 化学反应过程（chemical process） 遵循化学反应诸规律的过程，它涉及化学反应，如：合成、分解、生物反应等过程及设备。

现代过程装置是过程制造业的工作母机，一般涉及多种过程的集成，由一系列的过程机器和过程设备，按一定的流程方式用管道、阀门等连接起来的连续系统，再配以控制仪表和电子电气设备，即能平稳连续地把以流体为主的各种材料，让其在装置中历经必要的物理化学过程，制造出人们需要的新的流程性产品。其中单元过程设备（如换热器、反应器、塔、储罐等）与单元过程机器（如压缩机、泵、离心机等）统称为过程装备。

过程装备与控制工程学科与过程制造业和装备制造业同时相关，她一方面提供设计、制造和维护过程装备为过程工业服务，同时通过创新的过程装备改进过程工艺，起着引领过程工业发展的作用，并不断扩大过程装备的应用范围。现在过程装备已在石油、化工、冶金、发电、制药等诸多领域实现了广泛应用（见表1-1)。先进的过程装备在不断装

表1-1 过程装备在过程工业中的应用领域[2]

按大行业分的过程工业	包含在其它大行业中的过程工业
石油加工及炼焦业	火力/核发电业
化学原料及化学制品制造业	煤气生产业
医药制造业	水的生产和供应业
化学纤维制造业	集成电路制造业(部分生产环节)
橡胶制品业	电子元件制造业(部分生产环节)
塑料制品业	金属表面处理及热处理业
食品加工业	铸件制造业
食品制造业	粉末冶金制品业
造纸及纸制品业	绝缘制品业
核燃料加工业	烟叶复烤业
饮料制造业	纤维原料初步加工业
非金属矿物制品业	棉纺印染业
黑色金属冶炼及压延加工业	毛染整业
有色金属冶金及压延加工业	丝印染业
农副食品加工业	废弃资源和废旧材料回收加工业
	管道运输业

备过程工业的同时，在环境保护、深海探索、航空航天、新一代核能装置等高技术领域也不断实现新的突破。由此可见，过程装备与控制工程学科在国民经济中具有举足轻重的地位。

1.2 历史上的过程装备技术

在我国历史上，不少科学技术的发展可在道家的炼丹术中找到渊源，如化学、火药及相关设备的进步与发展。宋代的《丹房须知》（公元1163年，吴悮）描写了炼丹的器具（参见图1-2），如金属或土做的炉子，炉子里的鼎或匮，炼丹的原料就在里面发生化学反应，同时还描写了古老的蒸馏器和研磨器。这些器具或许可以看作是最早的过程装备了。

图1-2 古老的炼丹炉

真正具有工业意义的过程装备是在17～18世纪间出现的蒸汽机。蒸汽机是将蒸汽的能量转换为机械功的往复式动力机械。蒸汽机的出现引起了18世纪的工业革命。直到20世纪初，它仍然是世界上最重要的原动机，后来才逐渐让位于内燃机和汽轮机等。

1700～1712年英国工程师纽柯门（Thomas Newcomen，1663—1729）发明了活塞式蒸汽机，纽柯门蒸汽机的诞生，展露了近代动力技术科学的曙光。但是，纽可门的蒸汽机也有很大缺陷，就是蒸汽损耗严重。1764年，英国的仪器修理工瓦特（James Watt，1736—1789）为格拉斯哥大学修理纽柯门蒸汽机模型时，注意到其低效率的问题，开始研究蒸汽机（图1-3）。1765年瓦特发明蒸汽冷凝器，使蒸汽出口温度降低，从而提高了热机效率，1769年获专利。1788年瓦特又发明了离心调速器，使蒸汽机更为完善。瓦特从最初接触蒸汽技术到瓦特蒸汽机研制成功，走过了二十多年的艰难历程。瓦特蒸汽机发明后，对工业革命的发展起了巨大的推动作用。蒸汽机作为一种不可抗拒的力量，迅速广泛地进入煤矿、铁矿、纺织、冶金、机械等行业，在全世界范围内掀起了一场工业大革命，推动了社会生产力的惊人发展。蒸汽动力机的大量使用，使人从繁重的体力劳动中解放出来，人开始以其聪明头脑而非四肢肌肉为自己造福。

值得注意的是，瓦特并不知道热力学第一、第二定律，是凭技术经验懂得了蒸汽温度和压力越高，其能焓越大；出入口蒸汽温差越大，热机效率越高。50年后才出现卡诺循环。

图1-3 瓦特及其蒸汽机

从1794～1840年，蒸汽机的效率仅由3%提高到8%。进一步提高蒸汽机的效率是生产和交通运输的迫切需要，这是工匠们的经验所不能解决的，必须从理论上去探索热动力的机制。同时发展新的动力机器，也需要建立热力学的理论。法国学者卡诺（Sadi Carnot，1796—1832）为此做出了奠基性的贡献，卡诺在青年时代就学于巴黎多种工艺学院，毕业后，在陆军中任机械工程师。卡诺自24岁退役后，开始专心致志地研究蒸汽机。1824年，卡诺针对热机的效率发表了一篇名为《关于火的原动力的思考》的论文，卡诺舍弃了与热机工作过程无关紧要的辅助因素和次要因素，构思设计了“理想蒸汽机”，阐述了他的理想热机理论，这种热机称为卡诺热机，其循环过程叫卡诺循环（图1-4）。卡诺的热力学成就为能量守恒和转化定律的发现直接铺平了理论道路。

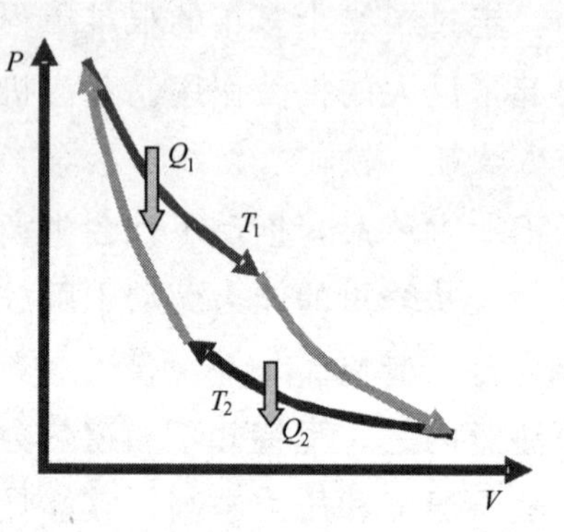

图1-4 卡诺与卡诺循环

可惜的是卡诺在36岁的时候就过早地去世了，他的许多论述是在他死后40年才发表的。今天，热力学的理论已成为现代热机设计的基础，也成了自然界必须遵循的普遍规律；当我们坐着舒适的汽车、火车和飞机旅行时，我们应该知道其中驱动它们的内燃机有着卡诺的贡献，我们不应忘记，年轻的工程科学家卡诺曾为之付出毕生的心血。

过程装备技术的进步不仅开启了工业化的时代，同时对于农业生产的进步也发挥了巨大的作用。在19世纪以前，农业上所需的氮肥主要来自有机物的副产品，如粪类、种子饼及绿肥，其最大问题是农作物产量不高。为此工业化生产化肥得到关注。如何将空气中丰富的氮固定下来并转化为可利用的形式，在20世纪初成为一项受到众多科学家注目和关切的重大课题。在总结许多科学家失败经验的基础上，德国卡斯鲁尔大学的科学家哈伯（Fritz Haber，1868—1934）致力探索氮气和氢气的混合气体在高温高压及催化剂的作用下合成氨的最佳物理化学条件。以锲而不舍的精神，经过不断的实验和计算，哈伯终于在1909年取得了鼓舞人心的成果。这就是在600℃的高温、200个大气压和锇为催化剂的条件下，能得到产率约为8%的合成氨。为了提高转化率，哈伯还设计了原料气循环工艺。

走出实验室，进行工业化生产，仍要付出艰辛的劳动。哈伯将他设计的工艺流程申请了专利后，交由德国当时最大的化工企业——巴登苯胺和纯碱制造公司进行产业化。公司组织了以化工机械专家博施（Carl Bosch，1874—1940）为首的工程技术人员将哈伯的设计付诸实施。为了寻找高效稳定的催化剂，两年间，他们进行了多达 6500 次试验，测试了 2500 种不同的配方，最后选定了含铅镁促进剂的铁催化剂。开发适用的高压设备也是工艺的关键。当时能受得住 200 个大气压的低碳钢，却存在氢腐蚀的问题。博施在反复研究后，最后决定在低碳钢的反应管子里加一层熟铁的衬里，熟铁虽没有强度，却不怕氢气的腐蚀，这样总算解决了难题。哈伯的合成氨的设想终于在 1913 年得以实现，一个日产 30 吨的合成氨工厂建成并投产。这一合成氨的方法，也称为哈伯-博施方法。合成氨生产方法的创立不仅开辟了获取固定氮的途径，更重要的是这一生产工艺的实现对整个化学工艺的发展和对人类的生存产生了重大的影响。哈伯于 1918 年获得了诺贝尔化学奖，博施则于 1931 年因在高压化学方法上的贡献也获得了诺贝尔化学奖。

图 1-5 为矗立在 Karlsruhe 大学校园的氨合成塔。

过程装备技术不仅影响了工业、农业的发展乃至人类衣食住行的各个方面，她对基础科学的研究也有重要的贡献。如瑞典的科学家斯维德伯格（Theodor Svedberg，1884—1971）于 1924 年研制出世界上第一台涡轮超速离心机，并用于研究高分散胶体物质等，“鉴于他在弥散系统方面的杰出工作”，1926 年诺贝尔评奖委员会授予其诺贝尔化学奖，不过当时斯维德伯格的诺贝尔奖的演讲题目却是“超速离心机”。现在离心机转头最高转速已达到 100000r/min，最大离心力达 700000g，被广泛应用于诸多领域。在生物学方面，可利用分子颗粒大小的不同将大小分子分离出来，较大的分子运用到较小的转速便可以分离出来，此后再运用不同的转速便可以将不同大小的分子分离出来。除此之外尚可利用不同的转速来分离大小不同的细胞，以方便对每一个细胞作更深一层的了解。

在我国，过程装备技术通过核原料、推进剂生产装置的实现支持了核技术和火箭技术的发展，更为根本的是，它影响着国民经济建设诸多工业领域的快速发展，包括化工、发电、冶金、制药等。如随着我国第

图 1-5　矗立在 Karlsruhe 大学校园的氨合成塔

一台多层卷板式高压容器制造成功（1956），实现了化肥的自给自足，保障了我国农业生产的需要。可以认为如果没有过程装备技术的发展，也就没有我国现代过程工业和相关工业领域的蓬勃发展。

1.3　面向高技术的过程装备与控制工程

2006 年 1 月，中共中央、国务院作出了关于实施科技规划纲要增强自主创新能力的决定，要求全面落实科学发展观，组织实施《国家中长期科学和技术发展规划纲要（2006—2020 年）》，增强自主创新能力，努力建设创新型国家，其中装备制造业核心技术，能源开发、节能技术和清洁能源技术的突破、农业科技水平的提高，制药关键技术和医疗器械研制乃至国防科技的进步均和过程装备与控制工程技术密切相关。

过程装备技术从根本上说是过程放大抑或过程缩小的技术，因此高技术过程工艺的工业化实现离不开过程装备技术的支持。同时面向高技术发展的需求开发先进的过程设备，也是过程装备制造业发展的需求。下述高新技术领域迫切需要过程装备与控制工程技术的支持也提供了广阔的发展空间。

1.3.1 先进的能源技术

能源领域的高新技术工艺过程对于过程装备技术是富有挑战性的。

① 洁净煤技术　煤炭是我国主要的能源资源，在一次能源中所占比例达67%，为世界上比例最高者。在我国消费的煤炭中，约有70%以上是以燃烧方式消耗的，其中火力发电厂是主力军，这造成我国酸雨和二氧化硫污染十分严重。因此洁净煤技术已成为我国优先发展的高技术领域，过程装备技术在煤炭加工、煤炭高效洁净燃烧、煤炭转化、污染排放控制与废弃物处理均可发挥重要作用。其中水煤浆技术装备、先进的燃烧器、循环流化床技术、整体煤气化联合循环发电技术与装备、煤炭气化装备、煤炭液化装备、燃料电池、烟气净化装备、煤层气的开发利用、煤矸石、粉煤灰和煤泥的综合利用装备以及先进工业锅炉和窑炉等均迫切需要研究与开发。

② 超超临界发电技术　提高电厂煤炭利用效率的途径，主要是提高发电设备的蒸汽参数。随着科技的进步，煤电的蒸汽参数已由低压、中压、高压、超高压、亚临界、超临界、高温超临界，发展到了超超临界和高温超超临界；发电净效率也由低压机组的20%，增加到了超超临界机组的48%；发电煤耗从500g/kW时下降到了250g/kW时。同时如果超超临界机组能比常规亚临界机组效率提高7%，二氧化碳的排放量就可以减少14%。为此，发电设备行业以高参数为目标大力发展超超临界发电机组。超超临界机组在高参数下运行，其主蒸汽压力为25～40MPa甚至更高，主蒸汽和再热蒸汽温度在580℃以上乃至700℃。为此发展超超临界的锅炉、管线和汽轮机组及其安全可靠性技术极具挑战性。

③ 生物质能源技术　先进的生物质发电系统包括流化床燃烧、生物质综合气化和生物质外燃气透平系统，流化床锅炉技术独有的流态化

燃烧方式，使它具有一些传统锅炉所不具备的优点，可以燃用常规燃烧方式难以使用的生物质材料，发达国家近年来着力开发使生物质气化驱动燃机并结合循环流化床的联合循环技术，瑞典在1993年便建立了利用加压循环流化床气化技术的发电厂[3]。生物质高温气化技术的关键是高温空气的廉价生成，新型高温低氧空气完全燃烧技术的出现及陶瓷材料领域的科技进步促进了热回收技术的发展。生物质外燃式透平系统所用高温换热器也是一项关键技术，由其产生干净的空气，减少了后续透平系统的腐蚀，但出口空气温度决定了系统效率。固体生物质的热解液化是开发利用生物质能的有效途径。它是在中温500℃左右，高加热速率（可达10000℃/s）和极短气体停留时间（约2s）的条件下，将生物质直接热解，经快速冷却而得到液体油。其最大的优点就在于产品油的易存储和易输运，不存在产品的就地消费问题，因而得到了国内外的广泛关注。其关键技术便是热解液化的反应器，具有应用前景的技术包括载流床、旋风床、真空移动床、旋转锥以及循环流化床等。

④ 核电技术　核能作为一种先进的能源受到世界各国的重视，已经成为世界能源结构的重要组成部分。进入21纪以后，我国提出“积极发展核电”的方针，先进的压水堆和高温气冷堆已列入国家科技发展规划的重大专项，第四代核能系统、先进核燃料循环以及聚变能等技术的开发也越来越受到关注；各种先进的堆型实际上均需要过程装备技术的支撑，如高温气冷堆，除了用于发电，其产生的高品质热能（1000℃气体）还可用于等离子冶金、等离子喷射沉积等先进的冶金技术，亦可直接用于煤气化和甲烷转化技术，但其装置的抗蠕变和疲劳、抗腐蚀的设计十分重要，除了反应堆，氦气换热器、氦气透平、蒸汽发生器等产品的设计制造均有很高的难度。

1.3.2 纳米材料制备技术

粉体设备技术是过程装备技术的主要分支，而纳米粉体的制备技术则是其前沿技术。制备纳米粉的途径大致有两种：一是粉碎法，即通过机械作用将粗颗粒物质逐步粉碎而得；另一种是造粉法，即利用原子、离子或分子通过成核和长大两个阶段合成而得。若以物料状态来分，则可归纳为固相法、液相法和气相法三大类。随着科技的不断发展以及不同物理化学特性超微粉的需求，在上述方法的基础上衍生出许出新的制备技术。固相法是一种传统的粉化工艺，用于粗颗粒微细化。由于其具有成本低、产量高以及制备工艺简单易行等优点，加上近年来高能球磨和气流粉碎等分级联合方法的出现，因而在一些对粉体的纯度和粒度要求不太高的场合仍然适用。但是其存在着能耗大、效率低、所得粉末不够细、杂质易于混入、粒子易于氧化或产生变形等，因此在当今高科技领域中较少采用此法。液相法是目前实验室和工业上广泛采用的制备超微粉的方法。其过程为选择一种或多种合适的可溶性金属盐类，按所制备的材料的成分计量配制成溶液，使各元素呈离子或分子态，再选择一种合适的沉淀剂或用蒸发、升华、水解等操作，将金属离子均匀沉淀或结晶出来，最后将沉淀或结晶物脱水或者加热分解而制得超微粉。与其它方法相比，液相法具有设备简单、原料容易获得、纯度高、均匀性好、化学组成控制准确等优点，主要用于氧化物系超微粉的制备。气相法是直接利用气体或者通过各种方式将物质变成气体，使之在气体状态下发生物理或化学反应，最后在冷却过程中凝聚长大形成超微粉的方法。气相法在超微粉的制备技术中占有重要的地位，此法可制取纯度高、颗粒分散性好、粒径分布窄、粒径小的超微粉。尤其是通过控制可以制备出液相法难以制得的金属、碳化物、氮化物、硼化物等非氧化物超微粉。该法又可分为蒸发冷凝法和气相反应法。目前超重力沉降设备利用旋转可产生比地球重力加速度高得多的超重力环境，能在分子尺度上有效地控制化学反应与结晶过程，从而获得粒度小、分布均匀的高质量纳米粉体产品，与传统的搅拌槽反应沉淀法制备技术相比，具有设备小、生产效率高、生产成本低、产品质量好等突出优点。水热法制备超细（纳米）粉末近年来也很受重视，水热法研究的温度范围在水的沸点和临界点（374℃）之间，但通常使用的是130～250℃之间，相应的水蒸气压是0.3～4MPa。显然纳米材料制备的新工艺需要许多新型的过程装备。

1.3.3 微小型化学机械系统

由于微电子技术和微加工技术的迅速发展，微机电系统（MEMS：micro-electro-mechanical systems）应运而生。微机电系统在航空航天、精密仪器、材料、生物医疗等领域有着广泛的应用潜力，受到世界各国的高度重视，被誉为20世纪十大关键技术之首。而微小型化学机械系统（MCMS：micro-chemo-mechanical systems）以过程强化和微加工技术为基础，近年来也得到了快速的进展[4]。微小型化学机械系统可以分为两类：一者为以强化传热传质及反应过程为主的微小型设备，通过过程效率的提高，使得设备体积大大减小，在未来有可能实现台式计算机一样大小的高效生产的化工厂；另者则指以微型过程机械产品为主组成的微仪器，通过进一步的微型化，实现芯片上的实验室（Lab on chip）。

对于过程强化，目前已有了一些实例，可以大大缩小传统设备的体积，如静态混合反应器、超重力传质设备、紧凑式换热器、构件催化反应器等。日本提出的无配管化工装置的概念力图将反应器上的外接管道减少到最低限度，反应器将各种新型化工单元设备的功能集于一身，有效地缩小了体积。由于设备的效率提高，生产成本将降低，设备和基建的投入减少，同时污染减少、安全可靠性也将大大提高[5]。对于微仪器，早在20世纪70年代，斯坦福大学便试图在芯片上建造色谱仪，20世纪90年代以来，人们又提出了微型全面分析系统（μTAS，micro total analysis）的概念，并已取得许多令人鼓舞的进展，如已制造了一个手提式血液化学分析系统。目前人们还试图将质谱仪缩小到一个手提计算机大小，样品入口、电离室、加速电极、漂移室和探测阵列都集成到一个硅片上，另一独立的硅芯片则包含微机械真空泵，用来维持仪器内的真空环境[6]。微型过程装备技术可将传统的混合、反应、分离、检验等过程集成为一体，成为芯片上的实验室。近年来我国研究者为了实现燃料电池系统的小型化，成功制备了尺寸为40mm×40mm×9.78mm的甲醇水蒸气重整微流反应器；采用微流反应器技术合成了CdSe纳米晶量子点[7]。

1.3.4 太空探索与深海探索

太空和海洋都将是人类致力拓展空间，也是过程装备技术在未来大有作为的领域。

自从1961年4月12日苏联宇航员加加林首次踏入太空以来，人类不但踏上了月球，而且还在太空建起了长期载人空间站，一次性在太空生活和工作的时间长达437天，太空旅游观光已经成为现实，今后还将重返月球，开发月球资源，载人上火星甚至更久远地建立永久太空基地等。太空探索装备涉及大量过程装备技术，首先火箭的燃料罐便是承受液氧、液氢压力的容器，同时航天器本身也是一个可靠性要求很高的容器，在外太空运行时是承受外压的真空容器，返回式航天器一般要经历−200℃以下到1000℃以上的环境温度变化，返回大气层时，为保护机体免遭超高温的烧损，必须敷设一种特殊保护层。航天器内与生命系统、环境系统相关的液氧系统、液氮系统、热沉系统、氦系统等均需要先进过程装备与控制技术的支持。

同时海洋是一个无比巨大的能源库，天然气水合物总量相当于陆地燃料资源总量的2倍以上。海底储存着1350亿吨石油，近140万亿立方米的天然气。随着陆地资源的日益减少，人类将目光投向了海洋。实现万米深海处的探索一直是科学家和工程师们的追求。然而，10000m洋底的大气压能将几毫米厚的钢板容器像鸡蛋壳一样压碎，而且环境异常恶劣，一般的设备很难完成资源勘探和开采任务。为此研制出无人驾驶潜艇是具有高度挑战性的工作。地面上的压力容器多承受内压，而深潜器则承受外压，实现深潜器厚壁钛合金球形容器的焊接并保障其可靠性具有相当的难度，耐高水压的动态密封结构和技术亦是其中关键技术，潜艇上任何一个密封的电气设备、连接线缆和插件都不能有丝毫渗漏，否则会导致整个部件甚至整个电控系统的毁灭。而未来进一步开采深海资源，除了深海运载器，或许还需建造海底化工厂、发电厂等，过程装备技术将具有更加广阔的发展前景。

1.4 不断创新发展的过程装备与控制工程教育

随着过程装备与控制技术的发展，其工程教育体系也日渐成熟。20世纪50年代初期，我国工业经济的体系亟待建立，急需有化工知识又懂得机械的工程技术人才，遂于1951年在高等院校设立了化工机械专业。我国化工、机械、材料及控制等领域的教育工作者们经五十余年之艰苦奋斗，根据我国国情，在学习前苏联学科设置的同时，融入美国提出的单元操作，并进一步强化了材料学科的内容，创建了富于中国特色的化工过程机械的学科框架。随着过程装置自动化、智能化的要求日高，控制知识与信息技术又得到了相应的强调，为了进一步适应市场经济对人才的需求，1998 年本科专业名称更改为“过程装备与控制工程”，覆盖了石油化工、冶金、发电、制药、食品等诸多行业。“过程装备与控制工程”专业在国民经济建设中日显其重要性，近年来人才需求有增无减，在复杂的市场经济条件下体现出强劲的生命力。

过程装备与控制工程体现了鲜明的多学科与交叉学科的性质。在本科教育层面，过程装备专业属机械类，同属机械类的专业还有机械设计制造及其自动化、材料成型及控制工程以及工业设计。在研究生教育中，过程装备与控制工程主要隶属于动力工程与工程热物理一级学科，可和其中化工过程机械、动力机械及工程、流体机械及工程、制冷及低温工程等二级学科相衔接，同时它也和机械工程、化学工程与技术两个一级学科密切相关。目前过程装备与控制工程的教育已有很大的覆盖面，人才培养规格包括学士、硕士和博士，以及中专、大专、继续教育等，在全国设立“过程装备与控制工程”专业的院校近 100 所，其中 14 所高校具有化工过程机械学科博士学位授予权。

参考文献

[1] 李静海，张锁江，史丹. 过程工业的现状和过程科学的发展趋势. 展望 21 世纪的化学工程. 北京：化学工业出版社，2004.

[2] GB/T 4754—2002. 国民经济行业分类. 2002.

[3] Yan, J, Alvfors, P, Eidensten L, and Svedberg G, A Future for Biomass (Future Biomass Based Power Generation), Mechanical Engineering, Vol. 119, No. 10, October 1997, 119 (10): 94-96.

[4] 涂善东，周帼彦，于新海. 化学机械系统的微小化与节能. 化工进展，2007，26 (2)：253-261.

[5] 闵恩泽，吴巍等. 绿色化学与化工. 第 10 章（张永强撰）. 北京：化学工业出版社，2000.

[6] 王佛松等. 展望 21 世纪的化学，195-205，北京：化学工业出版社，2000.

[7] Yang H W, Luan W L, Tu S T, Synthesis of Nanocrystals via Microreaction with Temperature Gradient; Towards Separation of Nucleation and Growth, Lab. on Chip, 2008, 8: 451-455.

第2章 过程机械原理入门

一般机械原理是研究机械中机构的结构和运动，以及机器的结构、受力、质量和运动的学科；过程机械原理则是研究机械及其系统中流程型物料的状态变化，以及这些物料和状态变化对机械及其系统影响的规律。本章主要介绍流程型物料在机械设备或机器中的变化过程[1]，而它们对于机械装置的性能和材料的影响将在本书其它章节作简要介绍。

2.1 流体动力过程

流体动力过程（fluid dynamical process），是指遵循流体力学规律的过程。它涉及泵、压缩机、风机、管道和阀门等过程设备与元件。

2.1.1 流体静力学过程

流体是液体和气体的统称。

流体静力学过程：研究流体在外力作用下达到平衡的规律，以及这些规律的实际应用。

（1）流体的性质

① 流体的流动性　切应力作用下流体会变形，且无恢复原状的能力。

② 流体的压缩性　温度不变时，流体的体积随压力增大而缩小的性质。

③ 流体的膨胀性　压力不变时，流体的体积随温度升高而增大的

性质。

④ 流体的黏性　运动的流体，在相邻的流层接触面上，形成阻碍流层相对运动的等值而反向的摩擦力，叫做黏性。

（2）流体静力学的性质

ⅰ. 在重力作用下的液体内部的压力随深度按直线关系变化。

ⅱ. 深度相同的各点静压力相同，形成一个等压水平面。

ⅲ. 压力能与位能可以相互转化，但其总和始终保持不变。

ⅳ. 阿基米德定律：浸没在液体中的物体，浮力等于其排开液体的体积。

ⅴ. 帕斯卡原理（静压传递原理）：密闭容器内的液体，外压力发生变化时，液体中任一点的压力均发生同样大小变化。

（3）应用流体静力学原理的设备

① U 型管压力计　见图 2-1。U 型管压力计是一个连通器。根据连通器左右的液面高度差来测量压力。

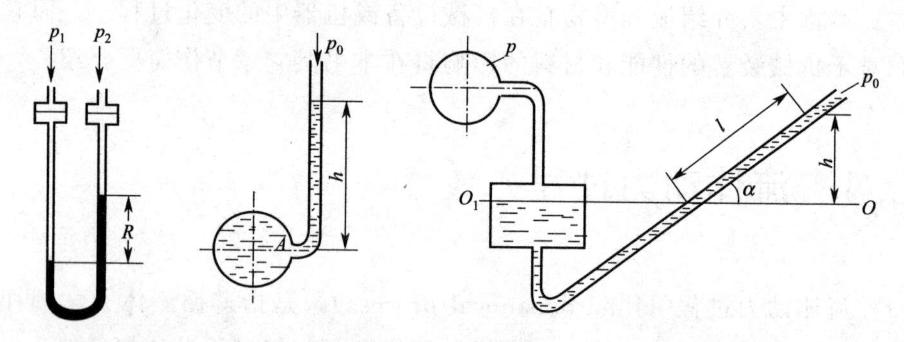

图 2-1　U 型管压力计

② 压强传递设备　倍加器：它的原理是一个连通器，但是它左右部分的截面积不相同。在小面积油缸上施加很小的压力时，可以在大面积油缸上产生很大的力（图 2-2）。

由于左右两部分的压强相等，即：

$$\frac{F_1}{A_1}=\frac{F_2}{A_2}$$

假设 $A_2=10A_1$，则 $F_2=10F_1$。

2.1.2　流体动力学过程

（1）流体在流动时具有的能量

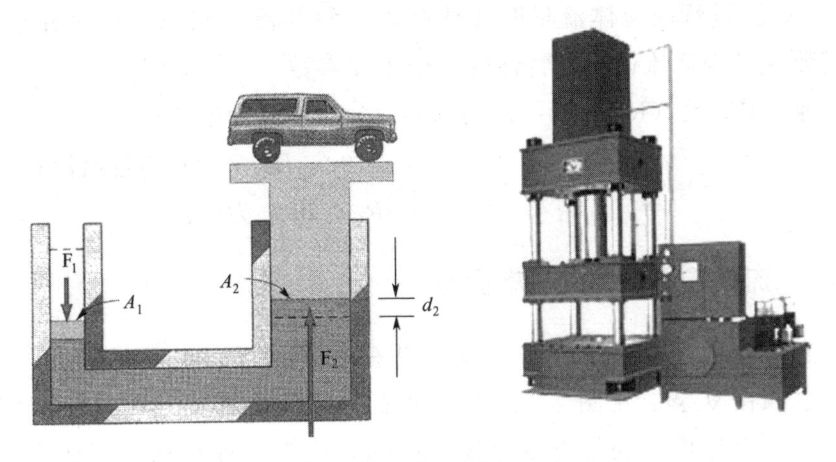

图 2-2 倍加器——增压设备

如图 2-3 所示，流体在流动时具有的能量如下。

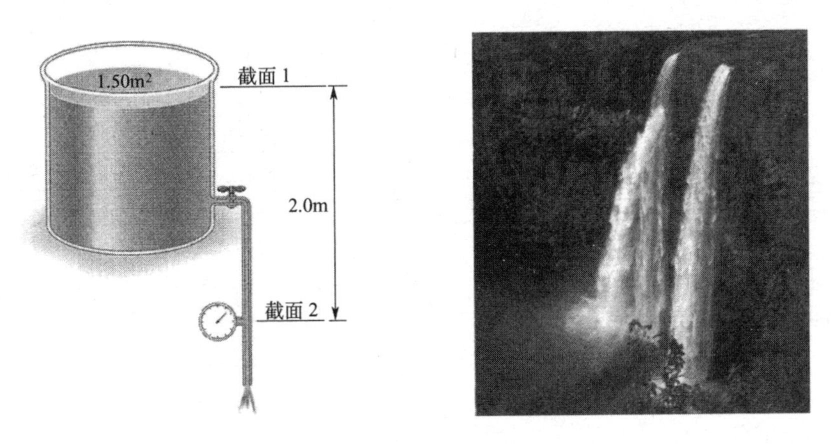

图 2-3 流体的位能与动能

① 位能　流体质量中心在重力作用下，高出某基准水平面而具有的能量。位能$=mgZ$（Nm 或 J）。Z 称为“压头”。

② 动能　流体流动时所具有的能量。

（2）流体流动时的特征之一

① 层流　流体流动时，各质点间互相平行，不相干扰。

② 湍流　流体除了向前流动外，还造成许多漩涡，与侧边的流体混合。

③ 过渡流　从层流过渡至湍流的中间状态，流体行为不稳定。

（3）流体流动时的特征之二

ⅰ. 测量管内流体流量时往往必须了解其流动状态、流速分布等。雷诺数就是表征流体流动特性的一个重要参数。

ⅱ. 雷诺数（Reynolds number）：$Re<2100$ 为层流；

$2100<Re<4000$ 为过渡流；

$Re>4000$ 为湍流。

2.1.3 流体输送过程的基本设备

流体输送过程采用泵来实现。泵有很多种类，最常见的为两类：离心泵和往复泵。见图 2-4。离心泵依靠高速旋转的叶轮，使液体在惯性离心力作用下获得能量而提高压强，实现流体输送；而往复泵则依靠泵缸内的活塞作往复运动来改变工作容积，从而达到输送液体的目的。

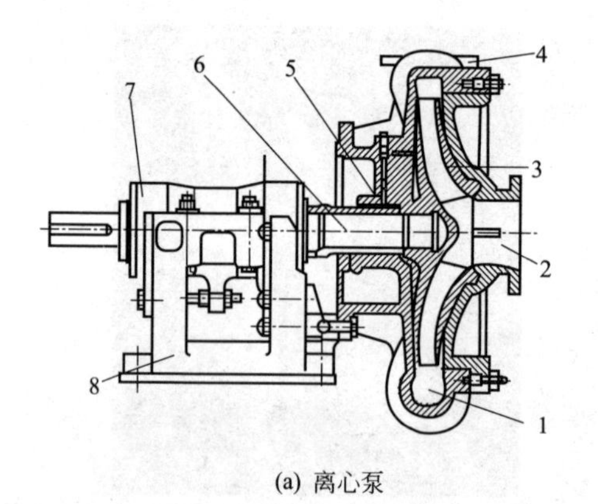

(a) 离心泵

1—泵体；2—进水口；3—叶轮；4—出水口；5—轴封；6—泵轴；7—轴承座；8—底座

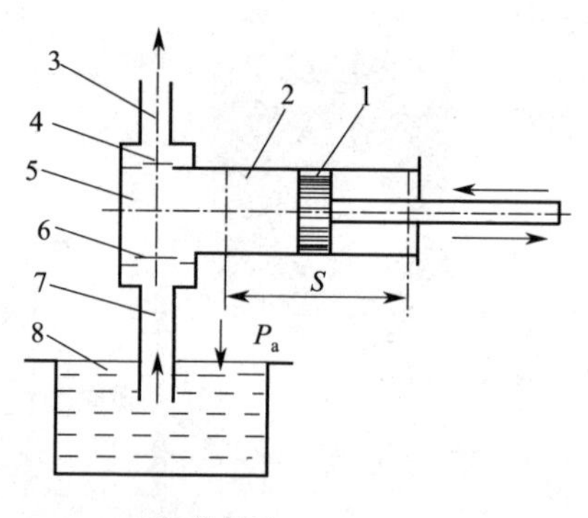

(b) 往复泵

1—活塞；2—活塞筒；3—出水口；4—出水阀；5—泵体；6—进水阀；7—进水口；8—水箱

图 2-4 流体输送过程的两种基本设备

2.1.4 流体输送过程中使用的阀门

① 截止阀 靠阀芯压紧在阀座上截断流体的流动。打开阀门，就是提升阀芯，使得阀芯与阀座之间产生间隙，允许流体通过，阀门开启越大，则间隙越大，流体流过越多。注意截止阀在使用时有方向性，见图 2-5(a)，流体应该从左边流进，右边流出。

② 闸阀 靠调节闸板控制阀门的开启。全开时，闸板提升到管道

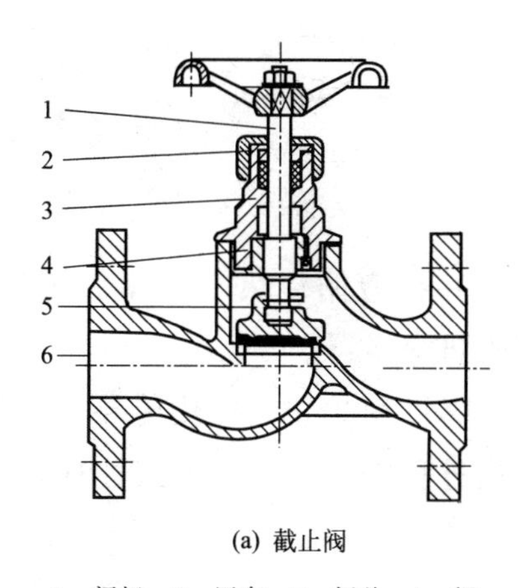

(a) 截止阀

1—阀杆；2—压套；3—阀盖；4—阀杆螺母；5—阀瓣；6—阀体

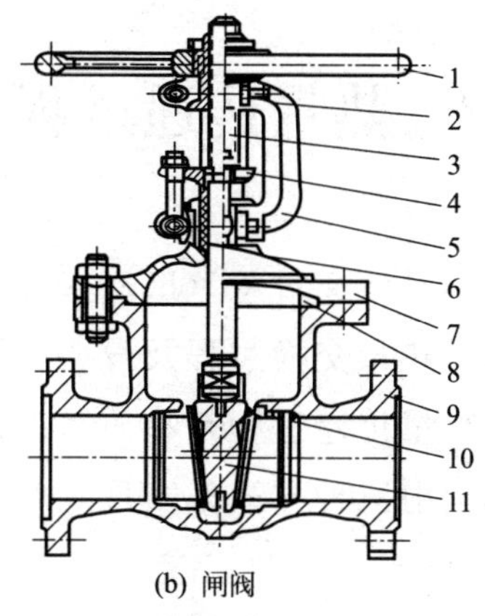

(b) 闸阀

1—手轮；2—阀杆螺母；3—阀杆；4—压盖；5—支架；6—填料；7—阀盖；8—垫片；9—阀体；10—阀座；11—闸板

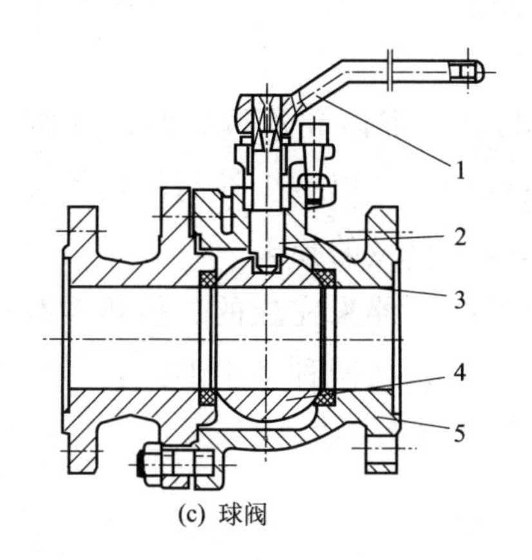

(c) 球阀

1—扳手；2—阀杆；3—阀座；4—球体；5—阀体

图 2-5 流体输送过程中使用的阀门

上部，对管道内流体造成的影响最小，一般用于大孔径的水管上，见图 2-5(b)。

③ 球阀 球阀的阀芯是一个开了通孔的球。旋转 90°使球上的通孔与管道对齐，球阀处于全开的状况。旋转 90°球芯上的通孔被完全遮挡，球阀处于全关状况。球阀在全开时对流体流动影响很小，一般用于压力不高的工艺物料管道，见图 2-5(c)。

此外，在承压系统中，为了保证装置的安全，在设备或管线上一般要有安全泄放装置，它与装置本身有同等的重要性[2]。

2.2 热量传递过程

热量传递过程（heat transfer process）指遵循传热学规律的过程。它涉及热量交换过程及设备，即换热器或热交换器。

热量传递过程是物质系统内的热量转移过程。它通过热传导、对流和热辐射三种方式来实现。在实际的传热过程中，这三种方式往往是伴随进行的。

热量传递过程是研究热量传递规律的科学，它包括加强和削弱热量的传播两个方面。

ⅰ. 加强热量的传播。例如：提高传热效果就可制成既轻又小而传热量大的热交换器。

ⅱ. 削弱热量的传播。即研究绝热问题，例如，用传热性很差的绝热材料敷设于冷藏室墙壁上，以减少外间的热量传入室内，或包敷于锅炉及蒸汽管的表面以减少热量的损失。

热量传递主要是靠换热器来完成的。换热器有很多种，工业上最常用的是管壳式换热器，它包括四种基本形式：

ⅰ. 固定管板换热器（图 2-6）；

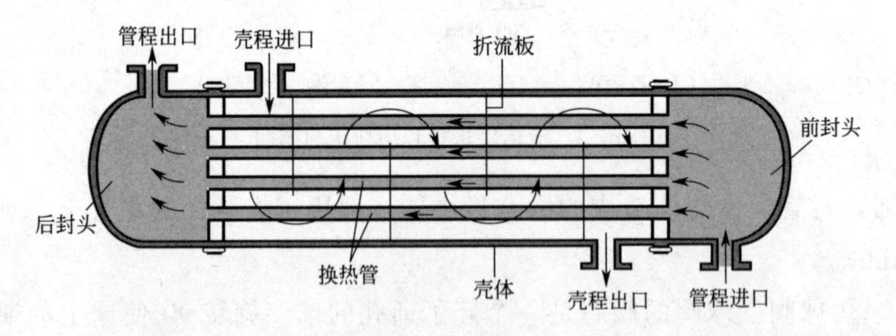

图 2-6 固定管板换热器

ⅱ. U 型管式换热器；

ⅲ. 浮头式换热器；

ⅳ. 填料函式换热器。

除了管壳式换热器，还有其它一些形式的换热器：

ⅰ. 盘管换热器；

ⅱ. 喷淋式换热器；

ⅲ. 套管式换热器；

ⅳ. 翅片管换热器；

ⅴ. 板式换热器；

ⅵ. 螺旋板式换热器；

ⅶ. 热管换热器；

ⅷ. 冷凝器。

对于各种换热器的结构，同学们可以作为练习，自行查找相关资料，以期深入了解和掌握。

其中值得在此一提的是热管的传导现象。热管一般包括蒸发段、绝热段和冷凝段三部分，具体由管壳、吸液芯（重力热管无吸液芯）、工质等组成。当热管的一端受热时，管腔内蒸发段的工作液体蒸发汽化，蒸汽在热管内部压差下经绝热段迅速流向冷凝段并在冷凝段凝结成液态，放出热量，冷凝后的工质靠毛细力或重力的作用回流到蒸发段，从而通过工质的相变来完成热量的传递过程。如图 2-7 为热管的工作原理。热管有着独特的热传导性能：

ⅰ. 较大的传热能力，它的热导率高达紫铜热导率的数倍以至数千倍；

ⅱ. 优良的等温性；

ⅲ. 结构简单无运动部件和噪声。

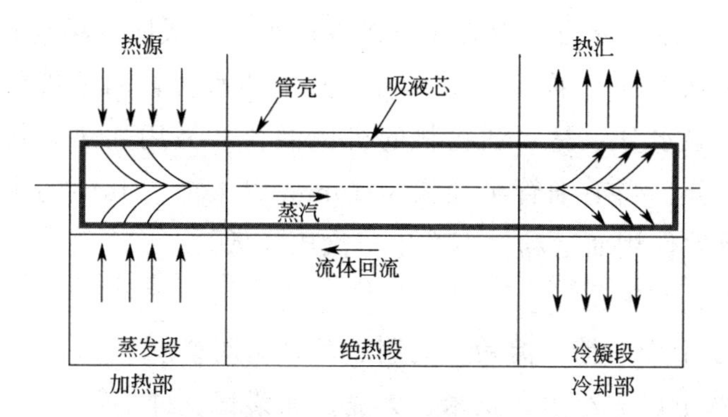

图 2-7 热管的工作原理

一根长 0.6m、直径 13mm、重 0.34kg 的热管在 100℃工作温度下，输送200W能量，其温降0.5℃，而输送同等能量同样长的实心铜棒重22.7kg，温差高达70℃。

由于热管独特的导热性能，将其用作为换热器的传热元件也就具有较高的热效率。

各种换热器实际上都有不同的特点，在不同场合中找到其应用，在节约能源中发挥着不可替代的作用。

2.3 质量传递过程

质量传递过程（mass transfer process）指遵循传质诸规律的过程，它涉及有关干燥、蒸馏、浓缩、萃取等传质过程及装备。

2.3.1 干燥过程

干燥过程的目的是除去某些原料、半成品及成品中的水分或溶剂，以便于加工、使用、运输、储藏等。

（1）物料与水分的结合方式

① 化学结合水　包括水分与物料的离子结合和结晶型分子结合。若脱掉结晶水，晶体必遭破坏。

② 物理化学结合水　包括吸附、渗透和结构水分。

③ 机械结合水　包括有毛细管水分、润湿水分和空隙水分。

其中，毛细管水分：存在于纤维或微小颗粒成团的湿物料中，毛细管半径小于0.1mm，称为微毛细管，其中的水分，因毛细管力的作用而运动。润湿水分：是水和物料的机械混合，易用加热和机械方法脱掉。空隙水分：当毛细管半径大于10mm以上时，其中的水分为空隙水分，受重力作用而运动，不产生蒸汽压降低。

（2）干燥的用途

① 食品干燥　糖、淀粉、奶制品及食品调料。

② 谷物干燥　小麦、玉米、大豆、油菜籽、种子等。

③ 水果蔬菜干燥　碳水化合物、有机酸、糖甙、维生素等。

④ 生物物料干燥　微生物、菌种、酵母等。

⑤ 纤维物料干燥　棉花、羊毛、蚕丝、麻等。

⑥ 生物物料干燥　微生物、菌种、酵母等。

其它还有茶叶干燥、中药饮片及药物干燥、木材和木制品干燥、聚合物干燥、染料干燥、乳品干燥、涂料干燥等。

(3) 干燥过程采用的方法

① 机械干燥法　用压榨、过滤、离心分离等机械方法除去湿分。此方法脱水快而节省费用。但是它们去湿程度不高，如离心分离后水分含量达 5%～10%，板框压滤后水分含量为 50%～60%。

② 化学干燥法　利用吸湿剂如浓硫酸、无水氯化钙、分子筛等除去气体、液体和固体物料中少量水分，此法除湿有限，且费用较高，只用于少量物料的除湿干燥。

③ 加热（或冷冻）干燥法　用热能加热物料，使物料中水分蒸发后干燥。或者用冷冻法使水分结冰后升华而除去湿分，这是工业中常用的干燥方法。

在实际生产操作中，一般先用机械法最大限度地除去物料中的湿分，然后再用热能法除去部分湿分，最后得到固体产品。

2.3.2　干燥过程采用的设备

干燥器通常可按加热的方式来分类，如表 2-1 所示。

表 2-1　干燥器分类

<table>
<tr><th>类　型</th><th>干　燥　器</th><th>类　型</th><th>干　燥　器</th></tr>
<tr><td rowspan="3">对流干燥器</td><td rowspan="3">厢式干燥器
气流干燥器
沸腾干燥器
转筒干燥器
喷雾干燥器</td><td>传导干燥器</td><td>滚筒干燥器
真空盘架干燥器</td></tr>
<tr><td>辐射干燥器</td><td>红外线干燥器</td></tr>
<tr><td>介电加热干燥器</td><td>微波干燥器</td></tr>
</table>

典型的沸腾床干燥器如图 2-8 所示，在沸腾床层中，颗粒仅在床层中上下翻动，彼此碰撞和混合，气、固间进行了传热与传质，以达到干燥的目的。当床层膨胀到一定高度时，因床层的空隙率加大而使气速下降，颗粒又重新下落，不致被气流带走。若气速增高到与颗粒的自由沉降速度（即带出速度）相等时，颗粒就会从干燥器顶部被吹出，而成为

气流输送了。所以沸腾床中的适宜速度应在临界流化速度与带出速度（颗粒自由沉降速度）之间。

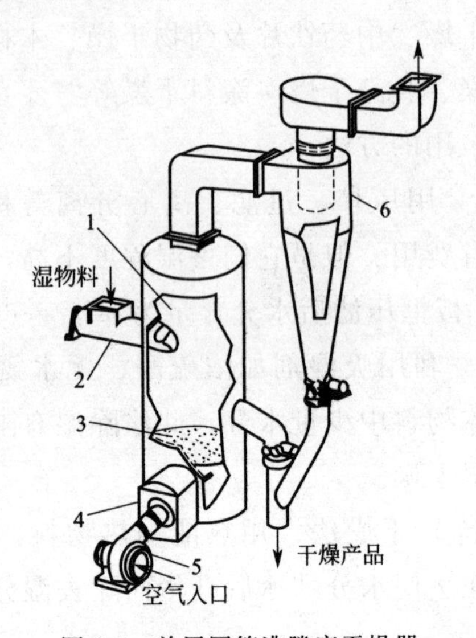

图 2-8 单层圆筒沸腾床干燥器

1—沸腾室；2—进料器；3—分布板；4—加热器；5—风机；6—旋风分离器

随着生产不断的发展，已开发出许多高科技干燥技术，如撞击流干燥、对撞干燥、声波干燥、过热蒸汽干燥、热泵干燥、超临界流体干燥等新的干燥技术，相关设备值得同学们深入了解。

2.3.3 蒸馏过程

蒸馏是利用混合液体中各组分具有不同的挥发度来分离液体混合物的一种方法，在石油炼制、石油化工及化学工业中占有重要地位。

蒸馏是在塔设备内进行的。塔设备，类似于宝塔形，截面一般为圆形，长径比很大，用以使气体与液体、气体与固体密切接触，促进其相互作用。

各种不同的蒸馏过程见图 2-9。

典型的蒸馏过程见图 2-10。

2.3.4 吸收过程

气体吸收是气体混合物中一种组分（或多种）从气相转移到液相的过程。转移的方法是物质借扩散作用（分子扩散或对流扩散）而传

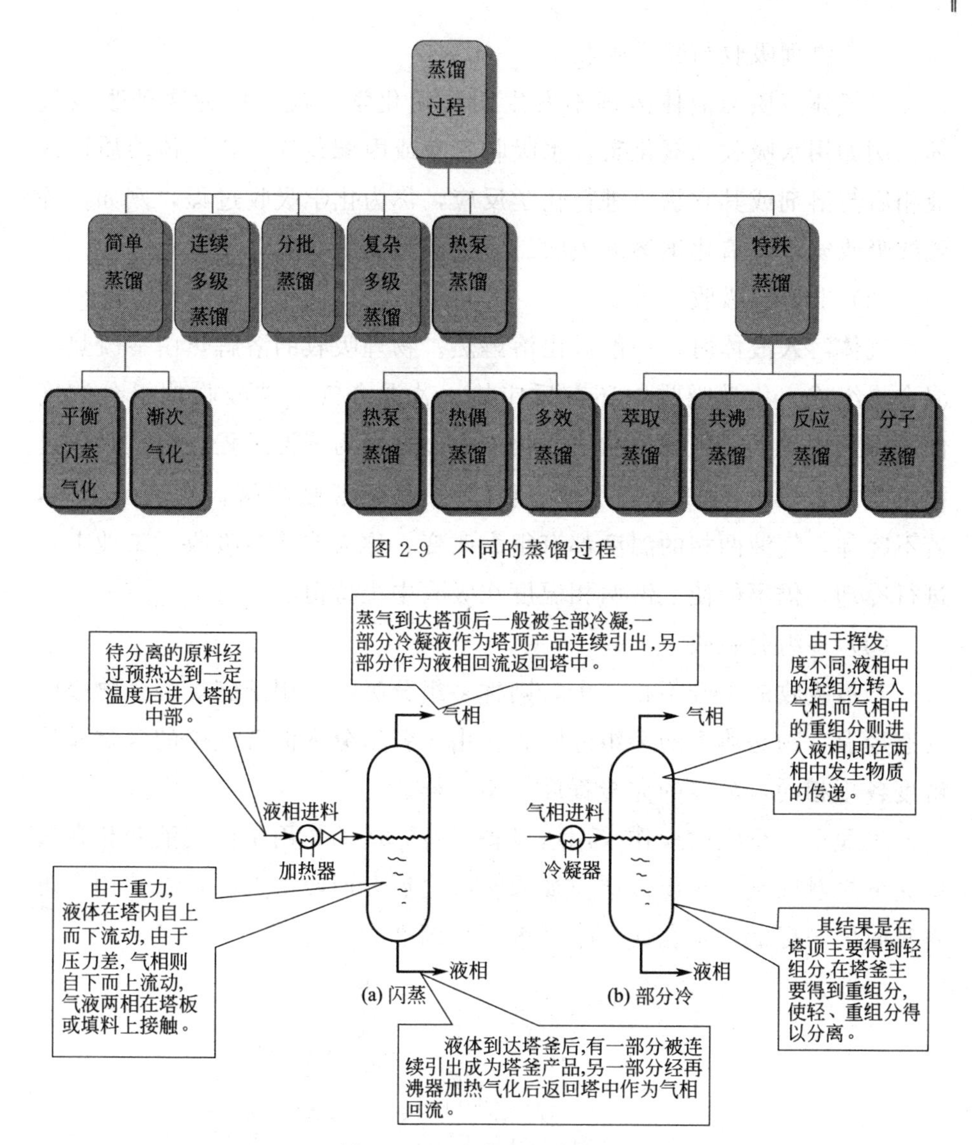

图 2-9 不同的蒸馏过程

图 2-10 一个典型的蒸馏过程

递，从机理上看属于传质过程。转移的结果是一种组分与其余组分分开，从应用上说，吸收是分离过程的一种。混合气中可溶入液相的组分称为溶质，不能溶的组分称为惰性组分或者载体气。能将溶质溶于其中的液体称为溶剂，溶质溶于其中之后就成为溶液。使纯气体溶解于溶剂中成为溶液产品，也可视为吸收，也是传质过程，但不是分离过程。

吸收过程的种类如下。

（1）物理吸收与光学吸收

若气体溶质与液体溶剂不发生明显的化学反应，称为物理吸收过程。例如用水吸收二氧化碳，水吸收乙醇或丙酮蒸气。若气体溶质进入液相后与溶剂或其它物质进行化学反应，称为化学吸收过程，例如：稀硫酸吸收氨，氢氧化钠溶液吸收二氧化碳等。

（2）非等温吸收

气体溶入液体时，一般放出溶解热。物理吸收的溶解热由冷凝热与混合热组成，化学吸收中还有反应热。若混合气中被吸收的组分浓度低，溶剂用量大，则系统温度变化不大，可视为等温过程。有些吸收过程，如用水吸收 HCl 或者 NO_2 蒸气，用稀硫酸吸收氨，放热量很大，若不冷却，气液两相的温度都有很大改变，称为非等温吸收。工业上均进行冷却，仍不能使气液两相温度在吸收中维持恒定。

（3）多组分吸收

若被吸收的组分不止一个，则称多组分吸收。用液态烃混合物吸收气态烃混合物是典型的多组分吸收。由于各组分在混合气中的含量及溶解度各不相同，分离的完全程度也不一样。

工业上进行吸收操作采用塔设备进行。塔的作用是使气液两相在其中充分接触以利于物质传递。如果吸收之后要回收溶剂，重新使用，可将吸收塔与提馏塔组合成一个系统。见图 2-11。

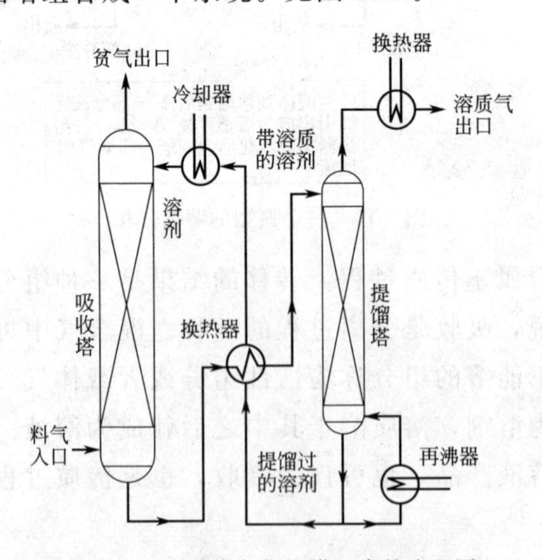

图 2-11　吸收塔与提馏塔组合的流程图

2.3.5 吸附过程

吸附过程是指多孔固体吸附剂与流体（液体或固体）接触，流体中的单一或多种溶质向多孔固体表面选择性传递，积累于多孔固体颗粒表面的过程。

类似的逆向操作称为解吸过程，可以使已吸附于多孔固体吸附剂表面的各类溶质有选择性地脱出。

通过吸附和解吸可以达到分离、精制的目的。

吸附过程中，吸附剂的选择十分重要。

吸附剂的吸附容量有限，在 1%～40%之间。常用的吸附剂见图 2-12。

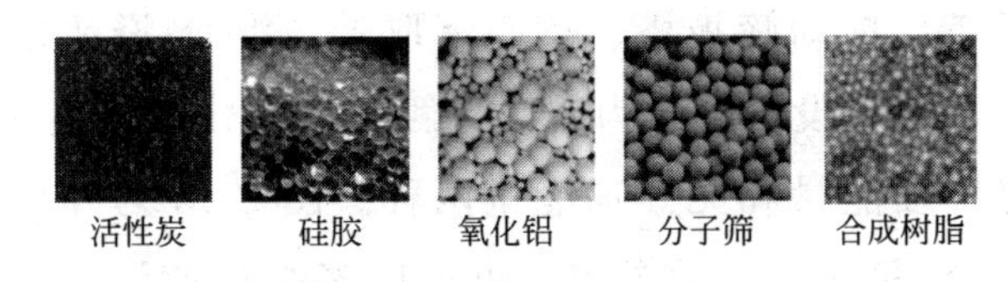

图 2-12 常用的一些吸附剂

提高吸附作用的处理量需要反复进行吸附和解吸操作。增加循环操作的次数。通常采用的吸附及解吸再生循环操作的方法如下。

① 变温吸附 提高温度使吸附剂的吸附容量减少而解吸，利用温度的变化完成循环操作。

② 变压吸附 降低压力或抽真空使吸附剂解吸，升高压力使之吸附，利用压力的变化完成循环操作。

③ 变浓度吸附 带分离溶质为热敏性物资时可利用溶剂冲洗或萃取剂抽提来完成解吸再生。

2.3.6 萃取过程

将溶剂加入固相或另一液相混合物中，使其中所含的一种或几种组分溶出，从而使混合物得到完全或部分分离的过程，统称为溶剂萃取。液体溶剂对固体混合物进行的溶质萃取过程称为固-液萃取，也称浸出、浸提或浸沥，其原理和洗涤一样，只是目的不同。

萃取按性质可分为：

① 物理萃取　不涉及化学反应的物理传递过程，在石油化工中广泛应用；

② 化学萃取　主要应用于金属的提取与分离。

实现萃取操作的基本要求如下。

ⅰ选择适宜的溶剂。溶剂能选择性地溶解各组分，即对溶质具有显著的溶解能力，而对其它组分和原溶剂完全不溶或部分互溶。

ⅱ. 原料与溶剂充分混合、分相，形成的液-液两相较易分层。

ⅲ. 脱溶剂得到溶质，回收溶剂。溶剂易于回收且价格低廉。

对于液-液系统，为实现两相的密切接触和快速分离要比气-液系统困难得多。因此，液-液传质设备的类型亦很多，目前已有30余种不同型式的萃取设备在工业上获得应用，如喷洒塔、填料塔、筛板塔、转盘塔、脉冲筛板塔、振动筛板塔、离心萃取器、混合-澄清槽等。若根据两相接触方式，萃取设备可分为逐级接触式和微分接触式两类，而每一类又可分为有外加能量和无外加能量两种。图2-13为外加动力的单级萃取装置（混合-澄清槽）示意图，也可以多级按逆流、并流或错流方式组合使用。

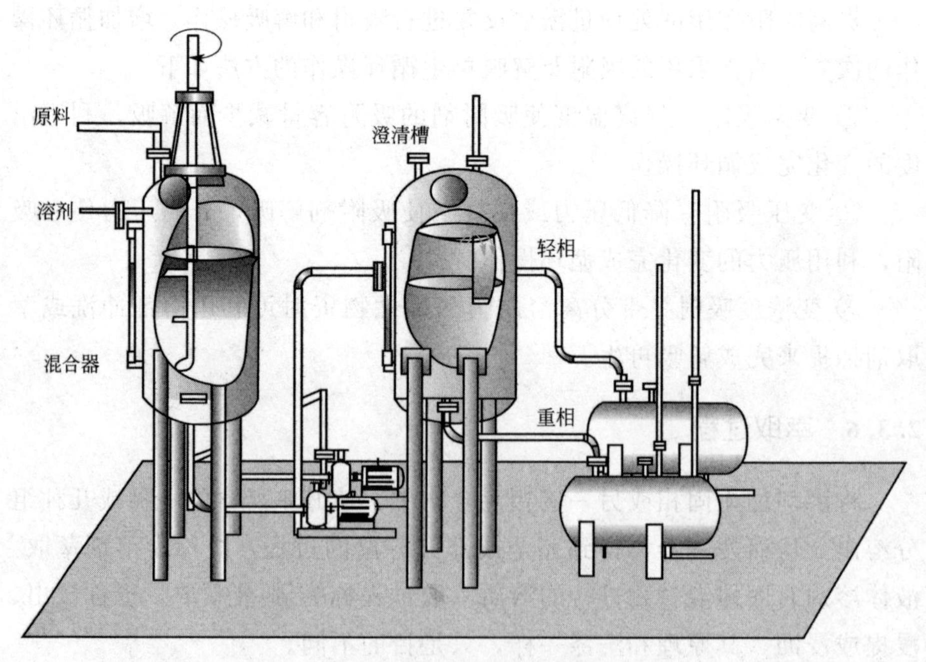

图2-13　外加动力的单级萃取装置示意图

值得提到的还有超临界流体萃取，它是一种以超临界流体作为萃取剂，从固体或液体中提取出待分离的高沸点或热敏性物质的新型萃取技术。

2.3.7 膜分离过程

(1) 膜的分离作用

膜分离过程是利用天然或人工合成的、具有选择透过能力的薄膜，以外界能量或化学位差为推动力，对双组分或多组分体系进行分离、分级、提纯或富集。

分离膜可以是固体或液体。反应膜除起反应体系中物质分离作用外，还作为催化剂或催化剂的固载体，改变反应进程，提高反应效率。

物质通过膜的分离过程是复杂的，膜的传递过程可分为以下两大类。

ⅰ. 第一类以假定的传递机理为基础，其中包含了被分离物的物化性质和传递特性。通过多孔型膜的流动：孔模型，微孔扩散模型，优先吸附-毛细孔流动模型。通过非多孔型膜的渗透：溶解-扩散模型，不完全溶解-扩散模型。

ⅱ. 第二类以不可逆热力学为基础，称为不可逆热力学模型。关联了压力差、浓度差、电位差等对渗透流率的关系，以线性方程描述伴生效应的过程。

(2) 各种膜分离过程

膜分离过程的进展见图 2-14。

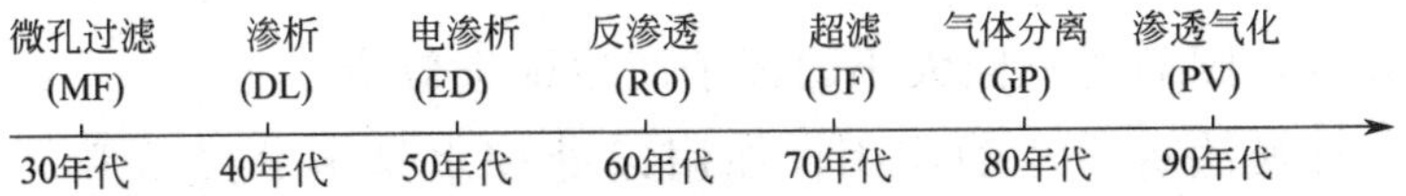

微孔过滤 (MF)	渗析 (DL)	电渗析 (ED)	反渗透 (RO)	超滤 (UF)	气体分离 (GP)	渗透气化 (PV)
30年代	40年代	50年代	60年代	70年代	80年代	90年代

图 2-14 膜分离过程的进展

膜分离与传统分离技术结合，发展了新的膜过程：膜蒸馏、膜萃取、蒸馏-渗透气化、冷冻过滤、选择沉淀过滤等。

膜分离与反应过程结合，产生了新的膜反应过程，开发了膜反应器、气相膜反应器等。

2.3.8 离子交换过程

凡具有离子交换能力的物质，统称为离子交换剂。通常是一种多孔状的固体，不溶于水，也不溶于电解质溶液，但能从溶液中吸取离子而进行离子交换。

离子交换过程的基本原理如下。

① 离子之间成等量交换 可为等当量同电荷的离子取代。为保持电性中和，游离的离子从溶胀的树脂进入溶液，形成离子交换。

② 离子交换剂对不同离子具有不同的亲和力和选择性 室温下，多价离子比单价离子优先交换：

$$Na^{+} < Ca^{2+} < La^{2+} < Th^{4+}$$

对于碱金属和碱土金属离子，它的亲和力随原子序数的增加而增加：

$$Li^{+} < Na^{+} < K^{+} < Rb^{+} < Cs^{+}$$
$$Mg^{2+} < Ca^{2+} < Sr^{2+} < Ba^{2+}$$

③ 离子排斥 离子排斥的速度比离子交换慢。对不解离的物质不产生排斥的作用称为 Donnan 效应。

④ 非水溶液中的离子交换 为了维持电荷的平衡，对和树脂骨架结构中具有相反电荷的离子称为反离子。反之称为共离子。由于亲和力大小不同，不同离子在离子交换柱中的迁移速度不相同。树脂在非水溶剂中体积要收缩，致使离子在树脂相中的扩散速度，以致交换速率降低。

⑤ 筛选效应 由于置换速率较小的原因，大的离子或聚合物不能大量的吸收，因而对不同大小的离子产生筛选效应。

离子交换法有广泛的应用，如用以处理水是十分经济和先进的方法，无论是锅炉用水的软化，脱碱软化，脱盐水、纯水、超纯水的制备均采用离子交换法来进行。离子交换器类别有单床、复床、混合床之分，水处理方法也根据具体情况可采用顺流法、逆流再生浮床法等。

2.3.9 结晶过程

结晶是固体物质以晶体状态从蒸汽、溶液或熔融物中析出的过程。

很多产品都是应用结晶的方法分离或提纯而形成的晶态物质。如：

盐和糖——世界年产盐超过 2 亿吨，糖的年产量则超过 1.2 亿吨；

化肥——硝酸铵、氯化钾、尿素、磷酸铵等；

材料工业——电子材料、超净物质的净化；

生物技术——蛋白质的制造；

催化剂——超细晶体的生产。

结晶过程能从杂质含量相当多的溶液或多组元的熔融混合物中分离出高纯或超纯的晶体。结晶产品，无论包装、运输、储存或使用都比较方便；对于许多难分离的混合物系，例如同分异构体混合物、共沸物系、热敏性物系等，其它分离方法难以奏效，可用结晶方法分离；作为一个分离过程，结晶比其它分离方法（蒸馏、萃取、吸附、吸收）相比，能量消耗低得多；结晶热仅是蒸发潜热的 1/3～1/10，可在较低温度下进行，对设备材质要求低，操作较安全，无有毒或废气逸出，有利于环境保护；对于结晶方法的分类，至今尚无公认的原则，一般按溶液结晶、熔融结晶、升华、沉淀四类讨论。

2.4 动量传递过程

动量传递过程（momentum transfer process）指遵循动量传递及固体力学诸规律的过程。它涉及固体物料的输送、粉碎、造粒等过程及设备。

2.4.1 粉碎过程

粉碎过程是指固体物料在外力作用下，克服内聚力，从而使颗粒的尺寸减小，比表面积增大的过程。不同的粉碎方式可得到不同的粒径，如：

破碎：
- 粗碎：将物料破碎到 100mm 左右
- 中碎：将物料破碎到 30mm 左右
- 细碎：将物料破碎到 3mm 左右

磨碎：
- 粗磨：将物料磨碎到 0.1mm 左右
- 细磨：将物料磨碎到 60μm 左右
- 超细粉碎——将物料磨碎到 5μm 或更小至亚微米

固体物质分子间具有很高的凝聚力，当粉碎机械施于被粉碎物料的作用力等于或超过其凝聚力时，物料便被粉碎。

粉碎施力种类有压缩、冲击、剪切、弯曲和摩擦等。施力的作用很复杂，往往是若干种施力作用同时存在。一般来说，粗碎和中碎的施力种类以压缩和冲击力为主。

对于超细粉碎过程除上述两种力外，主要应为摩擦力和剪切力。

对脆性材料施以压缩力和冲击力为佳，而韧性材料应施加剪切力或快速冲击力为好。

图 2-15 是不同类型的粉碎方式。

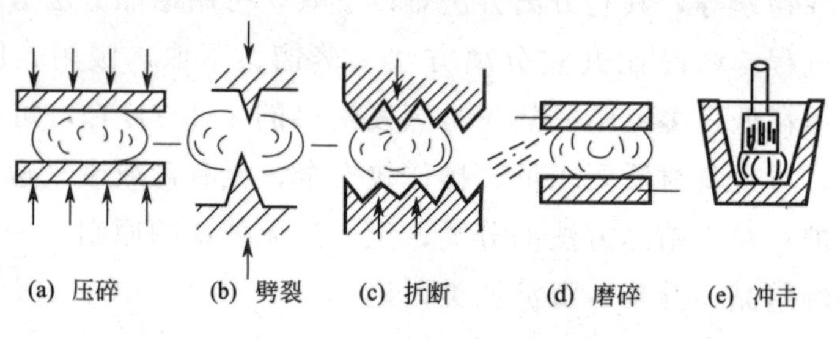

图 2-15 不同类型的粉碎方式

从表观看，由于外力使颗视尺寸减小和比表面积增大的粉碎过程，视为简单的机械物理过程。但通过微观分析，粉碎过程是一种复杂的物理化学过程。

在粉碎过程中通过机械力给颗粒积聚了能量，导致颗粒出现晶格畸变，晶格缺陷，无定形化，电子放射及出现等离子区等现象。粉碎使颗粒形成的断裂面上出现不饱和价键和带电荷的结构单元，导致颗粒处于亚稳的高能状态。

这种由机械力作用引起材料结构变化和物理化学性质变化的现象即为粉体的机械化学效应。该效应使粉体活性提高，反应能力增强。

在超细粉碎中，一方面是大颗粒碎解成小颗粒，另一方面是小颗粒通过范德华力或新表面上的剩余化学键或游离基的作用，结合成为大颗粒。

上述两个相反过程速度相等时，便出现粉碎平衡，物料不可能进一步粉碎，比表面积也难以进一步增加。要达到更超细的颗粒，要采用更高能量的磨机，或采用改善粉碎性能的助磨剂，将平衡点下移，使颗粒进一步得到粉碎。

常用的粉碎设备包括颚式破碎机、锤式破碎机、球磨机、气流粉碎机等。

2.4.2 机械分离过程

(1) 气固分离过程

气固分离是指从气体中除去悬浮的固体颗粒。主要目的是：

ⅰ. 净化气体，以满足后续生产工艺的要求；

ⅱ. 回收有价值的物料；

ⅲ. 环境保护和安全生产。

常用的机械分离设备见表 2-2。

表 2-2 常用的机械分离设备

设备类型	原理	性能		应 用
		分离效率/%	压降/Pa	
重力沉降室	重力	50～60	50～150	除大粒子，>75～100μm
惯性分离器	惯性力	50～70	250～500	除较大粒子，下限 20～50μm
旋风分离器	离心力	50～90	50～1500	除一般粒子，10～100μm
袋式分离器	过滤	95～99	25～1500	除细尘，<1μm
静电分离器	高压电场	90～98	50～250	除细尘，<1μm

(2) 液固分离过程

液固分离过程分为以下两类。

① 液体受限制，固体颗粒在流动的过程 取决于固体颗粒与液体之间的密度差，有浮选、重力沉降、离心沉降等。

② 固体颗粒受限制，液体在流动的过程 以具有过滤介质为前提，有压滤、筛滤等。

液固分离设备的分类见表 2-3。

表 2-3 液固分离设备的种类

设备类型	原　理	设备类型	原　理
重力沉降室	重力	板框压滤机	压滤
离心机	离心力	回转真空过滤机	吸滤
旋流分离器	离心力		

典型的旋流分离器如图 2-16 所示。它是利用离心力进行分离的，混合物从切向进口以一定的压力或速度注入旋流分离器，从而在旋流分离器内高速旋转，产生离心力场。在离心力的作用下，密度大的相被甩向四周，并顺着壁面向下运动，作为底流排出；密度小的相迁移到中间并向上运动，最后作为溢流排出，从而达到分离的目的。

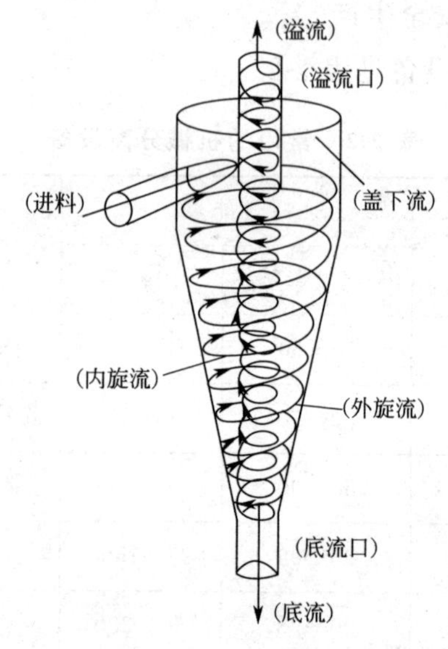

图 2-16 旋流分离器

2.4.3 材料成形加工过程

一些材料的成形加工过程实际上也都遵循动量传递及固体、流体力学规律的，如高分子材料加工中的混合、塑炼、注射成型、挤出成型、压延成型等工艺。目前使用最多的是双螺杆挤出机，作为连续混炼机，可以用于聚合物的共混改性、填充改性和增强改性。随着人们对双螺杆挤出机的不断研究，出现了很多种的双螺杆挤出机，如非啮合异向双螺杆挤出机（主要用于混合、脱挥、脱水、废旧塑料回收和反应挤出）、啮合异向双螺杆挤出机（主要用于PVC的挤出造粒和成型）、啮合同向双螺杆挤出机等。啮合同向双螺杆挤出机在聚合物改性方面，以其优异的混合性能和灵活多变的积木式结构，得到越来越广泛的应用，是目前最成功的一种连续混炼机。

药丸、药片以及农作物肥料的成形造粒过程实际上也是典型的动量传递过程。造粒的作用包括：

ⅰ. 减少物料表面积，防止物料凝集及变质；

ⅱ. 增加物料的密度，储藏、供给、包装、运输方便；

ⅲ. 使物料成分均匀，防止分离或偏析，反应速度或加工工艺容易控制；

ⅳ. 表面积均匀，热风透过率增加，容易干燥；

ⅴ. 颗粒的流动性好，强度高，有利于各种操作，计量包装容易；

ⅵ. 在后续操作过程中原材料不易飞散，可以防止微粉尘的飞扬，环境污染小；

ⅶ. 可以改善商品的外观质量。

常用的粉体造粒设备包括斜盘造粒机、滚压造粒机、螺杆挤出造粒机、喷雾干燥造粒机、旋转造粒机等。

2.5 热力过程

热力过程（thermodynamic process）指遵循热力学诸规律的动力过程，它涉及发电、燃烧、冷冻、空气分离等过程及设备。

热力学原来只是物理学的一个分支学科，在19世纪中叶开始形成。最初只是研究热能与机械能间的转换，以后逐渐扩展到研究与热现象有关的各种能量转换和状态变化的规律，如热化学过程、生命科学过程等，成为自然科学的共性规律。

2.5.1 热力学系统与过程

（1）热力学系统和环境

系统指研究的对象，包括物质和空间。环境指系统以外的有关的物质和空间。系统可分为：

① 封闭系统　只有能量传递，没有物质传递。

② 敞开系统　既有能量传递，又有物质传递。

③ 孤立系统　既无能量传递，又无物质传递。

(2) 热力学过程

指系统在一定的环境条件下，从一个状态到另一个状态的变化。它包括下列一些过程。

① 恒温过程　系统与环境温度相等并恒定。

② 恒压过程　系统与环境压力相等并恒定。

③ 绝热过程　系统与环境间隔绝热的传递。

④ 循环过程　封闭系统经历一定变化后复原。

⑤ 稳流过程　敞开系统虽有物质和能量进出，但系统中没有物质和能量积累。

⑥ 可逆过程　正逆过程都可能进行，逆向进行时，每一步的状态是原来正向时的重演。可逆循环复原后，不遗留永久性的不可逆变化。

⑦ 不可逆过程　一切实际过程都是不可逆过程。同样条件下，逆过程不可能进行。系统经历不可逆循环复原后，将遗留永久性的不可逆变化。

2.5.2　热力学第一定律

封闭系统与环境间以热和功的形式传递的能量，等于系统内能的变化。如下式所示。

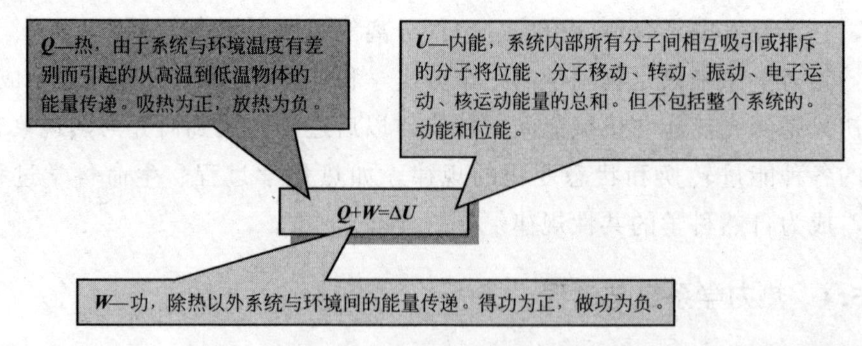

无论燃煤发电或太阳能发电皆为不同形式的能量之间在做转换，前者是

化学能先转换成热能，热能再转换成机械能，机械能最后转换成电能，典型的燃煤电站的工作原理如图2-17所示；后者是光能直接转换成电能。能量无法被创造，也不会消失（能量的形式虽可以转换，但其总和既不会增加也不会减少，此即热力学第一定律——能量守恒定律），因此无论自然过程还是人造的过程均是服从热力学规律的。

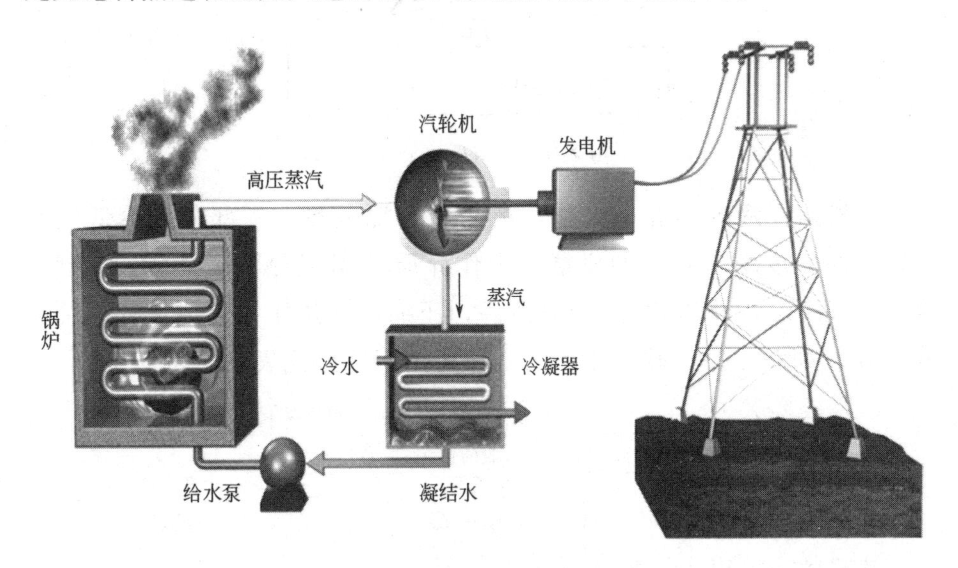

图2-17　火电站的工作原理

2.5.3　热力学第二定律

Clausius说法：热从低温物体传给高温物体而不产生其它变化是不可能的。

Kelven说法：从一个热源吸热，完全转化为功而不产生其它变化是不可能的。

这两种说法表明，在能量守恒的前提下，有的过程是不可能发生的。实际过程有一定的方向，即在同样条件下，逆过程是不可能发生的。

能量固然可以转换成不同形式，但每次转换之时，总有一部分成为质量较低的能量，通常是低温的热，这些热会散布到周围环境之中，没有利用价值，此即热力学第二定律的涵义。

由此可以引申出热机的效率问题。

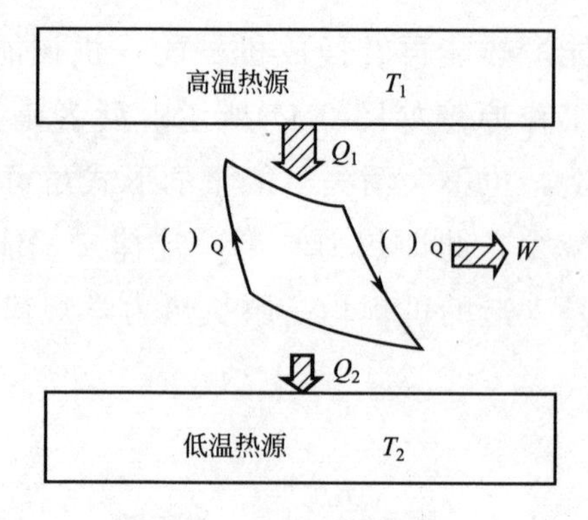

图 2-18 热机效率示意图

热机是在两个热源下工作，由高温热源吸热，一部分传给低温热源，一部分转变为做功的机器。工作介质从高温热源吸热 Q_1，膨胀，绝热膨胀降温，放热 Q_2 给低温热源，压缩，绝热压缩完成循环，总共做功 W，如图 2-18。热力学第二定律可用下述公式表示。

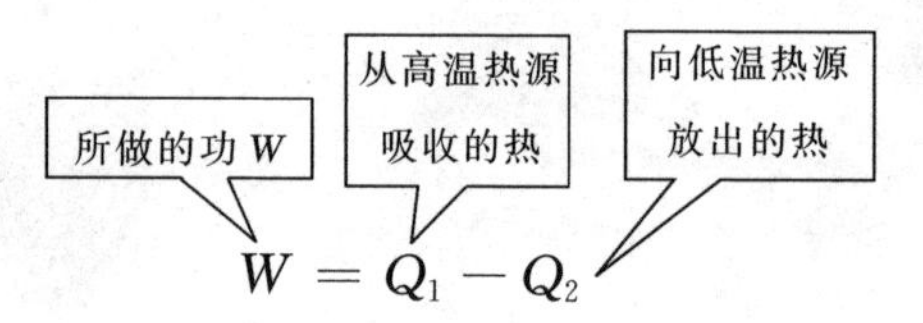

热机效率可以表示为：

$$\eta=\frac{W}{Q_1}=\frac{Q_1-Q_2}{Q_1}=1-\frac{Q_2}{Q_1}$$

1824 年，卡诺设想了一种热机：假定工作物质只同两个恒温热源 T_1 和 T_2 交换热量，既没有散热也不存在摩擦，这种热机称为卡诺热机。

卡诺循环可分为下列一些过程（见图 1-4）。

过程 1-2：工质在温度 T_1 下定温膨胀做功，从高温热源吸热 Q_1。

过程 2-3：工质可逆绝热膨胀做功，温度由 T_1 降至 T_2。

过程 3-4：工质在温度 T_2 下被定温压缩，得到压缩功，向低温热源放热 Q_2。

过程 4-1：工质被绝热可逆压缩，得到压缩功，温度由 T_2 升到 T_1。

工质完成一个循环后，其状态回复原状，根据热力学第一定律，工质对外做净功。

卡诺循环的效率可以表示为：

$$\eta=1-\frac{T_2}{T_1}$$

p-V 图上逆时针进行的循环过程叫逆循环，与逆循环对应的机器是制冷机。其工作特点为：外界对系统做功 W，系统从低温热源吸收热量 Q_2，向高温热源放热 Q_1。

2.6 化学反应过程

化学反应过程（chemical process）：指遵循化学反应诸规律的过程，它涉及化学反应，如合成、分解等过程及设备。

化学反应过程按基本反应类型可以分成：化合反应（A＋B＋…══C）、分解反应（A══B+C+…）、置换反应（A+BC══B+AC）、复分解反应（AB＋CD══AD＋CB）。有一些反应不属于这些反应类型，但有化合价改变（电子的转移），则称作氧化还原反应。实际反应器中进行的过程不但包括化学反应，还伴随有各种物理过程，如热量的传递、物质的流动、混合和传递等，这些传递过程显著地影响着反应的最终结果，这就是工业规模下的反应过程，所得转化率往往低于实验室结果。

2.6.1 化学反应器

反应器是过程工业（石油炼制、金属冶炼、化学、生物及相关工业）的核心设备。根据反应物料加入反应器的方式，可将反应器分为间歇反应器、半间歇或半连续反应器和连续反应器；根据几何形状可归纳为管式、槽（釜）式和塔式三类反应器；按反应混合物的相态可分为均相反应器和非均相反应器，均相反应器又分为气相和液相反应器，非均相反应器分为气-液、气-固、液-液、液-固、气-液-固等反应器。

生产中常见的工业反应器（图 2-19）如下。

① 间歇操作搅拌釜　这是一种带有搅拌器的槽式反应器。用于小批量、多品种的液相反应系统，如制药、染料等精细化工生产过程。

② 连续操作搅拌釜　连续流动的搅拌釜式反应器。常用于均相、

非均相的液相系统，如合成橡胶等聚合反应过程。它可以单釜连续操作，可以是多釜串联操作。

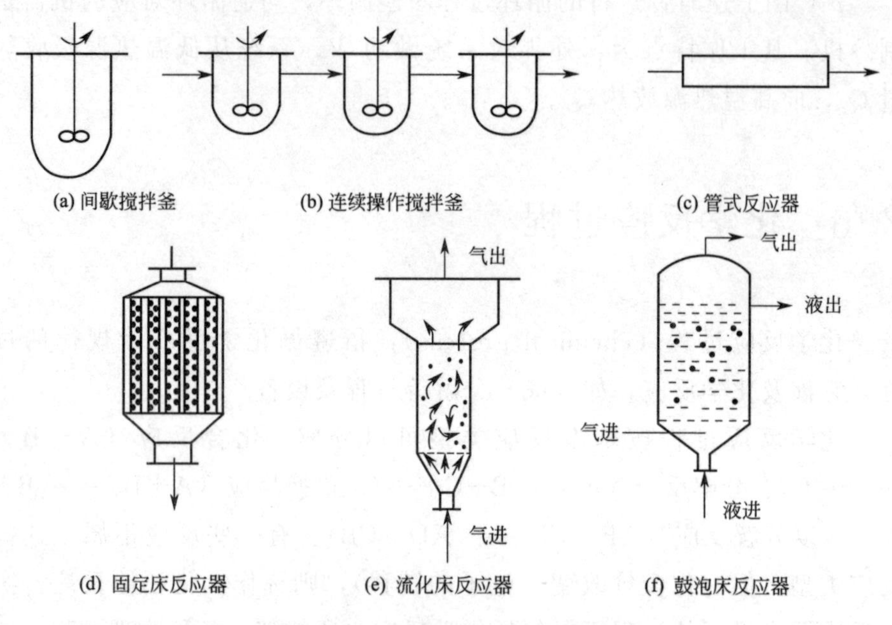

图 2-19　常见的工业反应器

③ 连续操作管式反应器　主要用于大规模的流体参加的反应过程。

④ 固定床反应器　反应器内填放固体催化剂颗粒或固体反应物，在流体通过时静止不动，由此而得名。主要用于气固相催化反应，如合成氨生产等。

⑤ 流化床反应器　与固定床反应器中固体介质固定不动正相反，此处固相介质做成较小的颗粒，当流体通过床层时，固相介质形成悬浮状态，好像变成了沸腾的流体，故称流化床，俗称沸腾床。主要用于要求有较好的传热和传质效率的气固相催化反应，如石油的催化裂化、丙烯氨氧化等非催化反应过程。

⑥ 鼓泡床反应器　塔式结构的气-液反应器，在充满液体的床层中，气体鼓泡通过，气液两相进行反应，如乙醛氧化制醋酸。

在反应器的前后会有其它工业装置相配合以构成整个流程。这些装置用物理方法实现反应原料和产物的分离和传热，综合考虑诸单元以实现系统的合理性十分重要。

2.6.2 电化学反应装置

电化学反应是指在电极和溶液界面上进行电能与化学能之间的转变反应。包括：

ⅰ. 化学能转变为电能的过程——自发进行；

ⅱ. 电能转变为化学能的过程——强制过程，如电解合成工业、电解冶炼、加工和电化学表面处理等。

氯碱工业和电冶炼工业是大规模电化学生产的代表。

近年发展起来的诸多燃料电池则是高技术电化学反应装置的代表。燃料电池是以特殊催化剂使可燃性的燃料与氧发生反应产生二氧化碳（CO_2，排放量比一般方法低许多）和水（H_2O），由此产生电力，其电

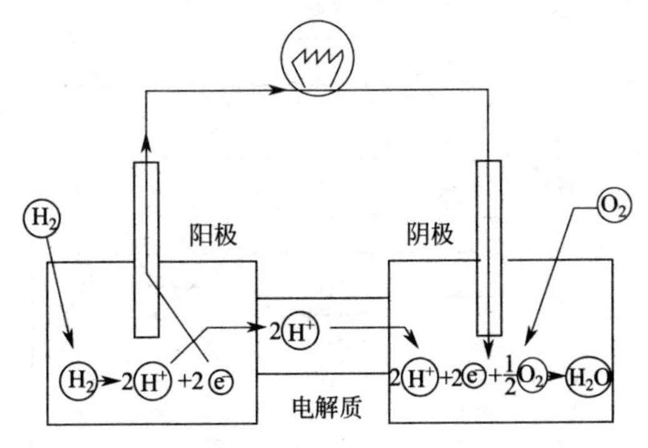

阳极： $H_2 \longrightarrow 2H^+ + 2e^-$

阴极：$2H^+ + 2e^- + 1/2O_2 \longrightarrow H_2O$

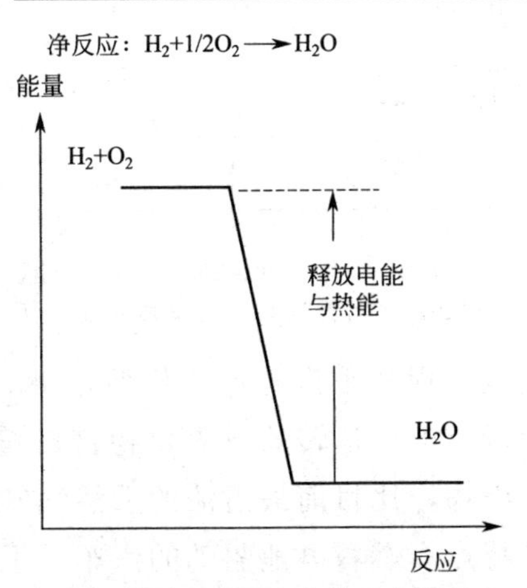

图 2-20 燃料电池的电化学反应原理

化学反应的原理如图 2-20 所示。燃料电池由阳极、阴极和离子导电的电解质构成，其工作原理与普通电化学电池类似，燃料在阳极氧化，并释放出电子，氧化剂在阴极还原，电子从阳极通过负载流向阴极构成电回路，产生电流。

燃料的选择性非常高，包括纯氢气、甲醇、乙醇、天然气，甚至于现在运用最广泛的汽油，都可以作为燃料电池燃料。这是目前其它所有动力来源无法做到的。高温（>550℃）下工作的燃料电池，发电效率高，同时可以直接利用余热进行供热，而且排出的高温气体可以带动气轮机，进行第二次发电。其最大的特点是可以组合成复合发电的电力回收型系统。各类燃料电池及其电极反应示于图 2-21 中。

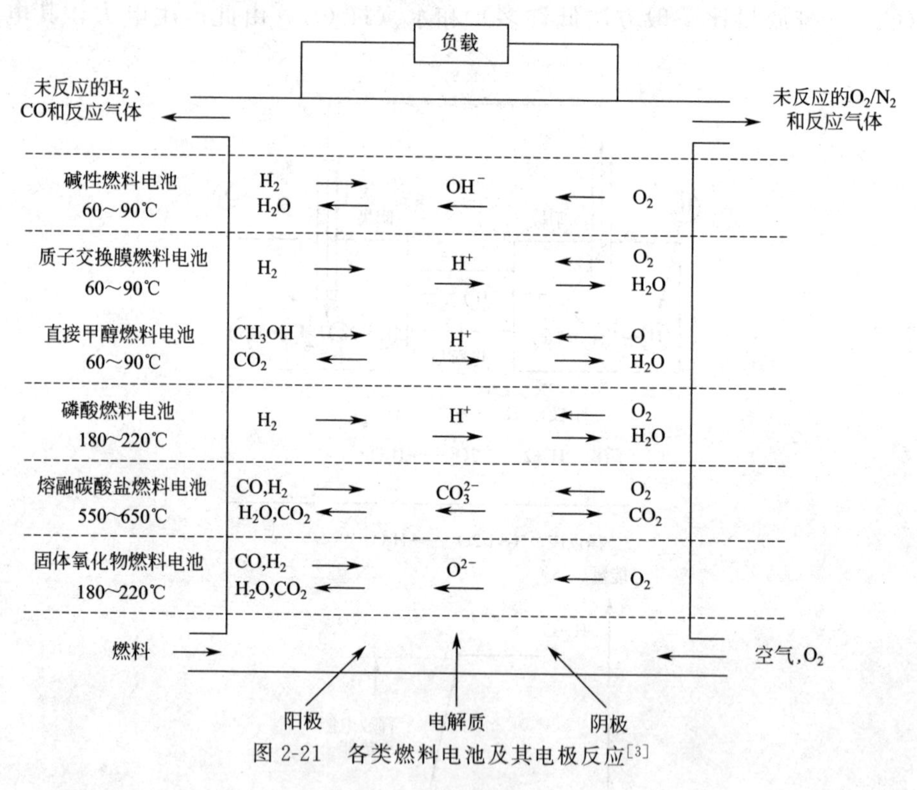

图 2-21 各类燃料电池及其电极反应[3]

燃料电池的发电过程几乎没有造成任何污染。如果以 1100 万瓦燃料电池的发电厂为例，电厂运转的氮氧化物排放量为 1×10^{-6}，也没有硫氧化物及粒状污染物，比目前最清洁的天然气发电厂还干净，同时具备低噪声、安静等特点。燃料电池驱动的汽车，不会像传统燃油汽车一样，产生废气和悬浮粒子等污染物，可以说是零污染的电能车。

2.6.3 生物反应器

由生物工程所引出的生产过程可统称为生物反应过程，在生物反应过程中，若采用活细胞（包括微生物、动植物细胞）为生物催化剂，称为发酵过程或细胞培养过程；采用游离或固定化酶，则称为酶反应过程。

典型的生物反应工程包括四个部分（图 2-22）：

ⅰ. 原材料的预处理；

ⅱ. 生物催化剂的制备；

ⅲ. 生化反应器及反应条件的选择与监控；

ⅳ. 产物的分离纯化。

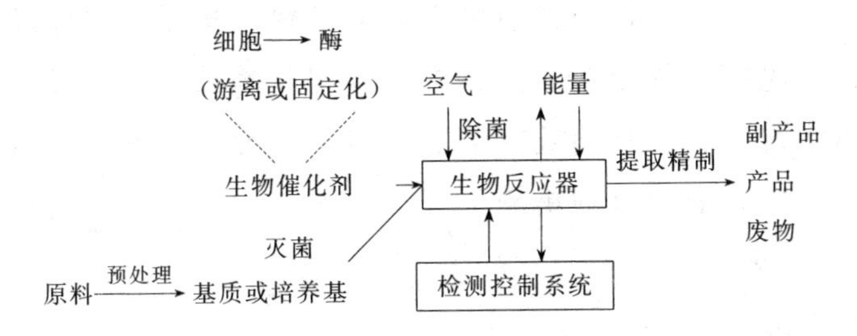

图 2-22 以生物反应器为核心的生物反应工程

整个生物反应过程以生物反应器为核心[4]。而分别把反应前与反应后作为上游加工和下游加工。生物反应器可分为酶催化反应器和细胞生物反应器；根据反应器的操作方式，生物反应器可分为间歇式生物反应器、连续式生物反应器和半间歇式生物反应器等。一般生物反应器有如下特点。

ⅰ. 生化反应中的颗粒有：单个细胞、细胞群、絮凝细胞团、丝状细胞、固定化酶颗粒。它们可能是球形、柱形、无定形等，比化工过程的颗粒复杂得多。

ⅱ. 生物颗粒的特点是有生命活力。微生物、动物或植物细胞是无数个微型反应器，从环境中提取原料，获取能量，自我繁殖加工，合成能储存在细胞里或分泌至细胞外的产品。

ⅲ. 生物细胞颗粒的结构和形态可随加工过程而变化。细胞可从丝状变为圆球状，又从单个细胞到絮凝细胞团。

ⅳ. 生物颗粒的另一个特点是对流动或机械剪切力十分敏感。

酿酒制醋或许是人类最早通过实践所掌握的生物反应技术。现在生物反应器已广泛地应用于医药工业（癌症、老年痴呆症、骨质疏松症、艾滋病、遗传性疾病等)、食品工业（世界粮食供应、食品安全性及质量提高等)、酿造工业（固定化微生物如啤酒和清酒、酿造微生物基因重组等)、化妆品工业（美白、老化防止等)、农业工程（低价、质量一定、大量生产、植物工厂、耐病虫害或耐环境之品种开发等)、医疗器材工业（脑机制基础研究等配合生物传感器之医疗器材开发等)，这些都值得同学们进一步去探索。

在结束本章之前，值得指出的是，在实际生产设备中，大多传热、传质、动量传递和反应过程等兼而有之，上述六大基本过程因此常常相互耦合，如氨的合成，在氨合成塔内涉及传热、传质、流体动力和反应等多个过程（见第3章图3-8)。许多过程强化的技术正在通过机械装备的创新得以实现，如何从高效、节能的目的出发，将不同的过程工艺巧妙地集成于一体，需要过程机械工程师在设计中充分发挥自己的智慧。

参考文献

[1] 潘家祯. 过程原理与装备. 北京：化学工业出版社，2008.

[2] 周震. 安全阀. 北京：中国标准出版社，2003.

[3] M. Winter，R. J. Brodd，What Are Batteries，Fuel Cells，and Supercapacitors Chem. Rev.，2004，104 (10)，4245-4270.

[4] 张元兴，许学书. 生物反应器工程. 上海：华东理工大学出版社，2001.

第3章 过程装备是物质转化的基础

一定条件下，不同类别的物质是可以转化的。根据物质转化规律可以制造出人类需要的新物质，如汽油、塑料、尿素硫铵、碳铵、氨基酸等。这些都是现代工业、农业、交通运输和人民生活必不可少的产品。

物质转化过程如图 3-1 所示，涉及化学、物理和生物学等基础学科，这些学科针对原子、分子及其系统，研究物质的组成、结构、性质以及变化，是现代过程工艺创新的源泉，但先进过程工艺的实现则有赖于过程装备与控制工程技术，因此可以认为过程装备是物质转化的重要基础。在这个过程中，过程机械工程师常常需要与化学工程师、生物工程师、材料工程师等一起协同工作以实现过程的放大、缩小与工程建造。

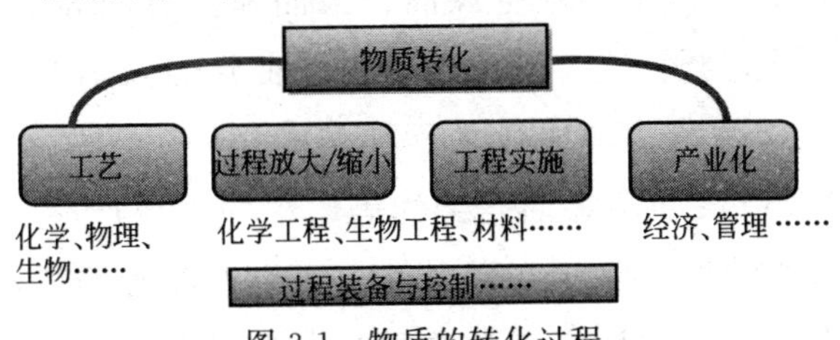

图 3-1　物质的转化过程

本章简要介绍石油化学工业、化肥工业、生物工程中的典型工艺与过程装备的关系。

3.1　石油化工过程与装备

石油化工是 20 世纪 20 年代兴起的以石油为原料的化学工业，起源于美国。初期依附于石油炼制工业，后来逐步形成一个独立的工业体系。第二次世界大战前后迅速发展，50 年代在欧洲兴起，60 年代又进一步扩大到日本及世界各国，使世界化学工业的生产结构和原料体系发生了重大变化，很多化学品的生产从以煤为原料转移到以石油和天然气为原料，石油化学工业的新工艺、新产品不断出现。当前石油化工已成为各工业国家的重要行业。

3.1.1 炼油过程

石油化工是以原油和天然气为原料的生产过程。广义上说石油化工原料包括原油及其馏分油，天然气及油田气以及炼厂气。原油是未加工处理的石油，是一种黄褐色黏稠液体，相对密度为 0.75～1，组成较为复杂、是由不同碳数、不同分子量和不同分子结构的烃类组成的混合物(包括烷烃，环烷烃和芳烃)，各个产地的石油的组成也有差别。天然气是以甲烷为主，含有少量低级烷烃和氢、二氧化碳、硫化氢等杂质的三态烃混合物。石油中含有的大分子烃以及天然气中的甲烷在化学结构上都是非常稳定的，很难参与化学变化生成有用的产品，一般都要在高温下转化为一氧化碳和氢，然后再进行反应。

原油因沸点范围宽，组成复杂，一般很少直接用作化工原料。要从原油制取化工原料及汽油、航空煤油、柴油和润滑油等重要物品，须对石油进行加工，称为炼制（refining）。石油分馏及其应用如图 3-2 所示。炼油厂的具体流程大体可分为三种类型：

① 燃料型　以汽油、煤油、柴油等燃料为主要产品；

② 燃料-润滑油型　除生产燃料外，还生产各种润滑油；

③ 燃料-化工型　在生产燃料的同时，还利用炼厂的部分气体和中间产品，生产各种化工原料和产品。

作为一个简介，本书主要介绍燃料型炼厂，现代的燃料型炼厂的二次加工手段，基本上已从热加工（热裂化、焦化）为主改变为以催化加工（催化重整、催化裂化、加氢裂化）为主。油品的精制手段已从酸碱精制转向加氢精制。

炼油化学过程的目的主要是为了提高氢/碳比和去除有害物质以提高产品品质。增加氢/碳比的方法可以是脱碳亦可是加氢，炼油中分别

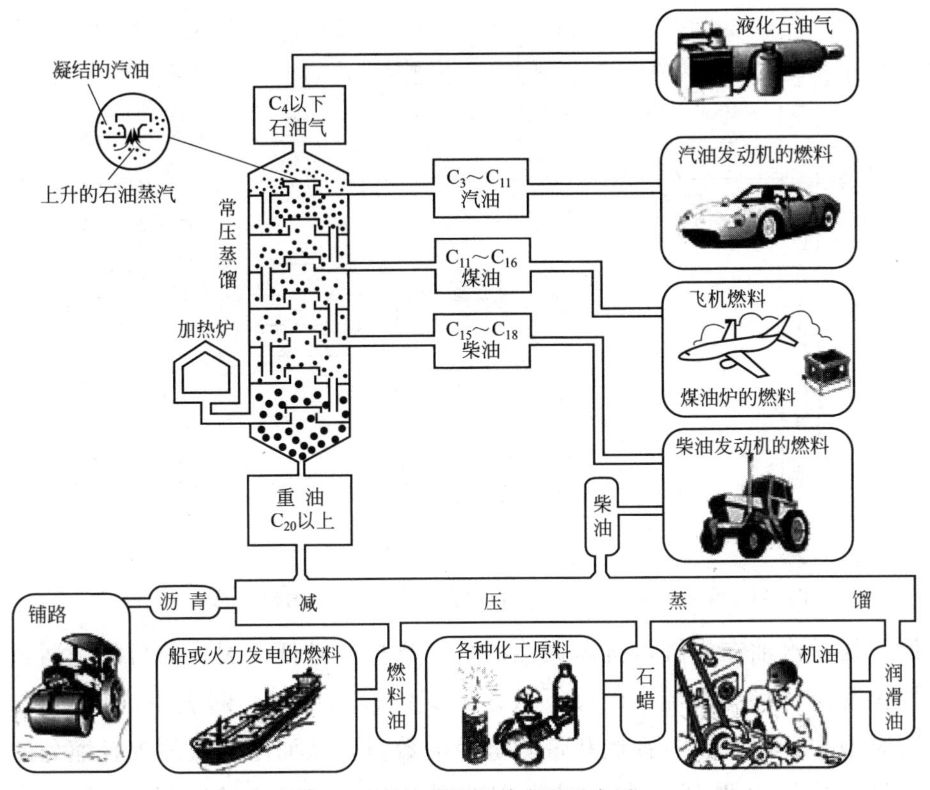

图 3-2　石油分馏及其应用示意图

称之为热加工和加氢处理。煤油气化是热转化加工的一个典型例子。热加工包括焦化、热裂解、减黏裂化、催化裂化；加氢过程包括加氢裂化、加氢精制以及催化重整等。比较先进的常减压蒸馏—催化裂化—加氢裂化—焦化型炼厂的工艺流程如图 3-3 所示。

其主要加工过程分述如下。

(1) 常减压蒸馏

蒸馏 (distillation) 是石油炼制的最基本过程，也是一种重要的单元操作。蒸馏是利用液体混合物中各组分挥发度的不同，通过加热使部分液体气化，使较轻的、易挥发的组分在气相得到增浓，而较重的、难挥发组分在剩余液体中也得到增浓，从而实现混合物的分离。

(2) 催化裂化

炼油产品需求量较大的是轻质油 (如汽油)，但直接蒸馏得到的直馏汽油等轻质油的数量受原油中轻组分含量的限制，如胜利原油中 200℃前馏分含量仅 7%左右。另外，直馏汽油主要含直链烷烃，辛烷

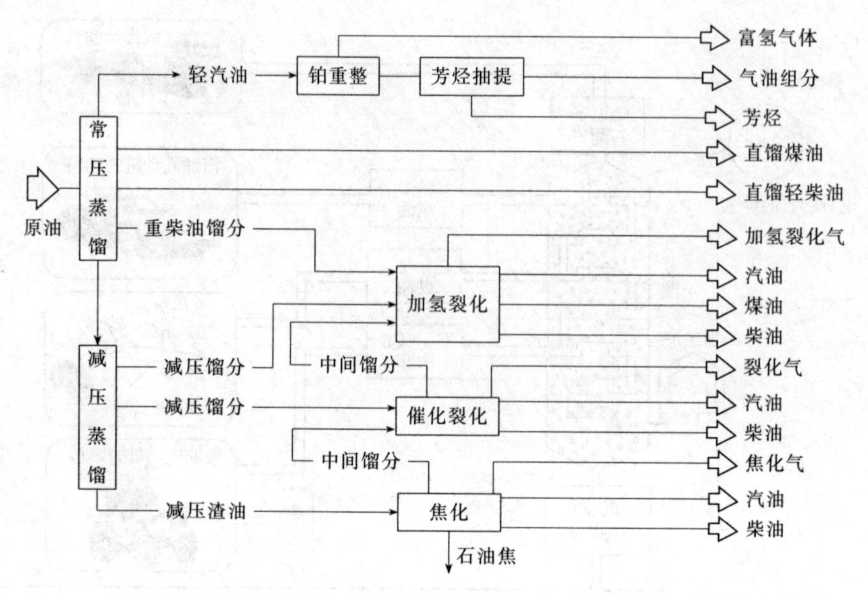

图 3-3 常减压蒸馏—催化裂化—加氢裂化—焦化型炼厂的工艺流程

值（衡量汽油在汽缸内抗爆振性的数字指标）较低。裂化的目的是通过裂化反应，将高碳烃（碳原子数多，碳链较长的烃）断裂生成低碳烃，同时增加环烷烃、芳香烃和带侧链烃的数量，从而增加汽油等轻馏分的产量，质量也得到提高。裂化有两种，以加热方法使原料馏分油在480～500℃ 下裂化的称为热裂化（thermal cracking）；在催化剂上进行的称为催化裂化（catalytic cracking），典型的裂化反应如：

$$CH_3—(CH_2)_{23}—CH_3 \longrightarrow C_6H_{14} + C_7H_{14} + C_{12}H_{24}$$

（3）催化重整

催化重整（catalytic reforming）是使石油馏分经过化学加工转变为芳烃的重要方法之一。催化剂是载于活性氧化铝上的铂或铂铼，在催化剂作用下主要反应有：

正构石蜡烃异构化

$$CH_3—(CH_2)_n—CH_3 \longrightarrow CH_3—\underset{}{\overset{\displaystyle CH_3\atop|}{C}}H(CH_2)_{n-2}—CH_3$$

环烷烃脱氢芳构化

$$\rightleftharpoons \quad +3H_2$$

烷烃脱氢环化成芳烃

$$\text{环己烷} + H_2 \rightleftharpoons \text{苯} + 4H_2$$

此外还有一些加氢裂化副反应发生，应加以抑制。

经过预热的原料油与循环氢混合并加热至490～530℃，在1～2MPa下进入反应器。由于生成芳烃的反应都是强吸热反应（反应热约为627.9～837.2kJ/kg重整进料），故分几个反应器串联起来，反应器之间设加热炉，补偿反应吸收的热量，以保证反应的转化率。

三次加工主要是将炼厂气进一步加工生产高辛烷值汽油和各种化学品的过程，包括石油烃烷基化，异构化，烯烃叠合等。目前的趋势是将炼油厂与石油化工厂联合，组成石油化工联合企业，利用炼油厂提供的馏分油、炼厂气为原料，生产各种基本有机化工产品和三大合成材料。

制氢装置主要是为加氢工艺提供工业氢，一般采用烃类水蒸气转化制氢，一般分为五个单元：原料的预处理（脱硫），烃类水蒸气转化，一氧化碳变换（包括高温及低温变换），脱二氧化碳，甲烷化。烃类水蒸气转化反应为强吸热反应，必须供给大量热量。具体工艺同合成氨的造气，可参见化肥工业一节。

一些典型炼油工艺条件列于表3-1中。

表3-1 炼油厂典型工艺条件

工艺	温度/℃	压力/MPa	工艺	温度/℃	压力/MPa
催化裂化	449～565	0.05～3.1	加氢处理	205～427	0.1～10
加氢裂化	205～482	0.7～28	制氢转化	260～820	2～3
催化重整	427～538	0.35～5.2			

在这些工艺条件下，炼厂设备的主要失效形式包括腐蚀、蠕变、疲劳、脆化、渗碳、氢损伤、氧化以及冲蚀等。在催化裂化装置中，压力容器所使用的材料大多是碳钢和碳-钼钢，碳钢工作温度达510℃，碳-钼钢工作温度达540℃，这些设备的失效机制主要是蠕变。在催化重整中，压力容器及管道亦在蠕变温度下工作，同时还要承受一定的氢分压，这些设备多用1Cr0.5Mo和1.25Cr0.5Mo钢材制作，工作温度达540℃，失效机制同时包括了高温蠕变以及由脆化现象导致的低温脆断。

对于高压氢环境下服役的反应器，如加氢裂化和加氢脱硫装置，氢压力高达28MPa，由Nelson曲线限定的使用温度是低于蠕变温度的，这些设备一般由 2.25Cr1Mo 制造，允许工作温度为 455℃。在这种场合下，蠕变本身并不是最重要的，而高温氢致脆性及由此导致的脆性断裂是主要失效机制，但在高应力区小范围蠕变的现象也是不可忽视的。在制氢转化的装置中，温度高达 820℃，而氢压力相对较低，炉管所用材料为高铬镍含量的不锈钢，废热锅炉及一些配件多用 Cr-Mo 钢，如 Cr25Ni20，1Cr18Ni9Ti 以及 5Cr0.5Mo，1Cr0.5Mo 等。设备的失效机制主要是高温蠕变与开停车所引起的疲劳。

克服上述这些问题，是实现大型炼油设备设计、制造的关键。如今，炼油厂压力容器的大型化已取得长足发展，如储油罐容积达 24 万立方米，焦炭塔直径达 9400mm（重达 375t），加氢反应器直径达 5373mm（重达 1600t）。我国石油化工设备行业已可以制造 500 万吨/年以上炼油厂成套设备、1000 万吨/年常减压蒸馏装置、200 万吨/年以上重油催化裂化装置、350 万吨/年加氢裂化装置、200 万吨/年渣油加氢脱硫装置、160 万吨/年延迟焦化装置等。图 3-4 所示为我国一重集团制造的千吨级加氢反应器。

图 3-4　我国制造的千吨级加氢反应器

3.1.2　乙烯裂解过程

乙烯（ethylene）是石油化学工业中最重要的基础原料，乙烯产量的大小常常被作为衡量一个国家石油化工发展水平的标志。乙烯、丙烯、丁二烯等烯烃分子中有双键存在，双键容易打开再与其它分子结合，故易自己聚合或与其它物质反应生成一系列重要的高分子聚合物，因而是最为重要的单体。工业上制取烯烃的主要途径是烃类热裂解，使石油烃大分子在高温下发生碳链断裂或脱氢反应生成分子量较小的烯烃和烷烃。

烃类热裂解是吸热反应，反应途径十分复杂，目前认为是自由基连锁反应。以乙烷为例[1]，总的热裂解反应是：

$$C_2H_6 \longrightarrow C_2H_4 + H_2$$

从热力学知道，C—C键断裂所需能量（即键能）是347.5kJ/mol，而C—H键的键能为414.49kJ/mol。可见C—H裂解不是简单的脱氢反应，而是经历了自由基的引发、增长、转移和终止的反应历程：

链的引发

$$C_2H_6 \longrightarrow 2CH_3$$

链的增长

$$CH_3 + C_2H_6 \longrightarrow CH_4 + C_2H_5$$

$$C_2H_5 \longrightarrow C_2H_4 + H$$

$$H + C_2H_6 \longrightarrow H_2 + C_2H_5$$

链的终止，两个自由基结合

$$H + C_2H_5 \longrightarrow C_2H_6$$

在实际生产中反应还更复杂，除上述一次反应外，一次反应产物在高温下进一步发生脱氢、缩聚等二次反应，生成烯烃、二烯烃、炔烃、多环芳烃以及焦油和焦炭。

为了得到高的乙烯收率，要对热解反应进行热力学和动力学分析。热力学主要研究在不同温度和不同压力下，各个反应进行的速度，通过分析人们得到如下认识：

ⅰ.高温有利于提高烃类转化率和乙烯收率；

ⅱ.由于二次反应，在高温下停留时间过长，乙烯收率会降低；

ⅲ.烃类裂解的一次反应，特别是脱氢反应，是分子数增加的反应，降低烃的分压对平衡向目的产物方向移动有利，并有利于减少二次反应，降低烃分压通常用水蒸气作稀释剂；

ⅳ. 反应产物尽快急冷，可避免二次反应。

综合以上分析可见，裂解反应的适宜操作条件是高温、短停留、低烃分压，在实际生产中采用的操作条件，取决于工程上实现的可能性。20世纪50年代，反应温度最高为750℃，停留时间大于1.5s；到60年代初为800℃，1.2s；60年代末为815℃，0.65s；70年代为850℃，0.35s；现在的裂解炉，温度不再提高，停留时间可短至以毫秒计，称毫秒炉。

要实现上述操作条件，就要在极短时间里将原料加热到所需高温，并供给裂解反应所需大量的热，关键在于采用合适的裂解方法和先进的裂解设备。目前的裂解工艺有：

ⅰ. 间接加热-管式炉裂解；

ⅱ. 直接加热；

ⅲ. 自供热-部分氧化裂解。

用的最为广泛的是管式炉裂解，管式炉裂解工艺流程如图3-5所示。裂解原料与过热蒸汽混合进加热炉，在对流段加热到500～600℃，

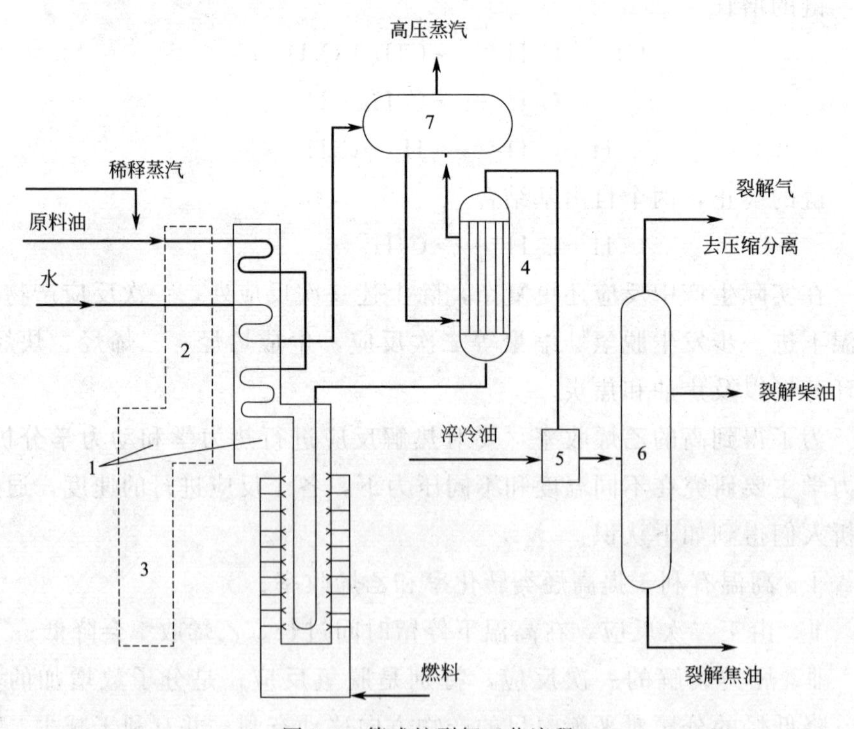

图3-5 管式炉裂解工艺流程

1—管式裂解炉；2—对流室；3—辐射室；4—急冷锅炉；5—急冷器；6—分馏塔；7—汽包

再进入辐射段，当加热到780～900℃时发生裂解反应，辐射炉管的热强度可达290～375MJ/(m^2·h)。为防止二次反应，裂解产物立即进入急冷锅炉降低温度，同时回收热量副产高压蒸汽。

整个裂解系统，特别是裂解炉的结构、裂解气的急冷方式、烟道气热量的回收、换热器的结构等对能量消耗和工厂的经济效益关系很大。目前主要技术进展在于：

ⅰ. 为了能在极短的停留时间内使裂解原料升到很高的温度，关键是要提高炉管的热强度（单位时间单位面积通过的热量），故缩小辐射段炉管的直径，即提高炉管表面积与体积之比，如毫秒炉；

ⅱ. 除尽可能提高炉管传热强度外，还采取加大稀释水蒸气的用量，并将蒸汽温度提高到1000℃；

ⅲ. 提高裂解温度和炉管热强度，就要改进炉管的材质，已由20世纪50年代的不锈钢管（耐温800℃），改进为80年代的含钨合金钢管（耐温高达1150℃）；

ⅳ. 为适应裂解原料的多样化，解决裂解炉的结焦、堵塞、清焦和急冷等技术问题。裂解炉工艺与材料的发展进程示于图3-6中。

管式裂解炉工作时，燃料燃烧放出的热量通过管壁传给管内物料，使原料烃升温，同时供给裂解反应所需要的热量。燃料燃烧时放出大量热量，生成主要含水蒸气和CO_2的高温燃烧气体。管式裂解炉炉管外表面接收了火焰和烟道气的辐射热量和对流热量，以导热方式将热量从管外壁传至管内壁。

现代裂解炉管在近出口端的管径最大用到ϕ178mm，一般都在ϕ152mm以下，倾向于采用较小管径。目前的毫秒裂解炉已用到小于ϕ50mm的管径，以强化传热，使在毫秒级的较短停留时间内提高温度，从而提高其裂解深度。柴油裂解炉采用SRT-Ⅲ型炉。炉管材料采用HP-40WM，其耐热温度达1100℃，在这种炉管的合金中加入少量的金属钨和铌，以提高炉管的强度与抗渗碳性。这是美国鲁姆斯公司继SRT-Ⅱ型之后在20世纪70年代开发的一种裂解炉。为了提高乙烯收率，鲁姆斯公司于80年代初期推出SRT-Ⅳ型炉，80年代中期又开发了SRT-Ⅴ型炉，采用双层辐射盘管，将管长缩短至22m左右，其停留时间可缩短至0.2s左右，裂解选择性进一步得到改善[2]。

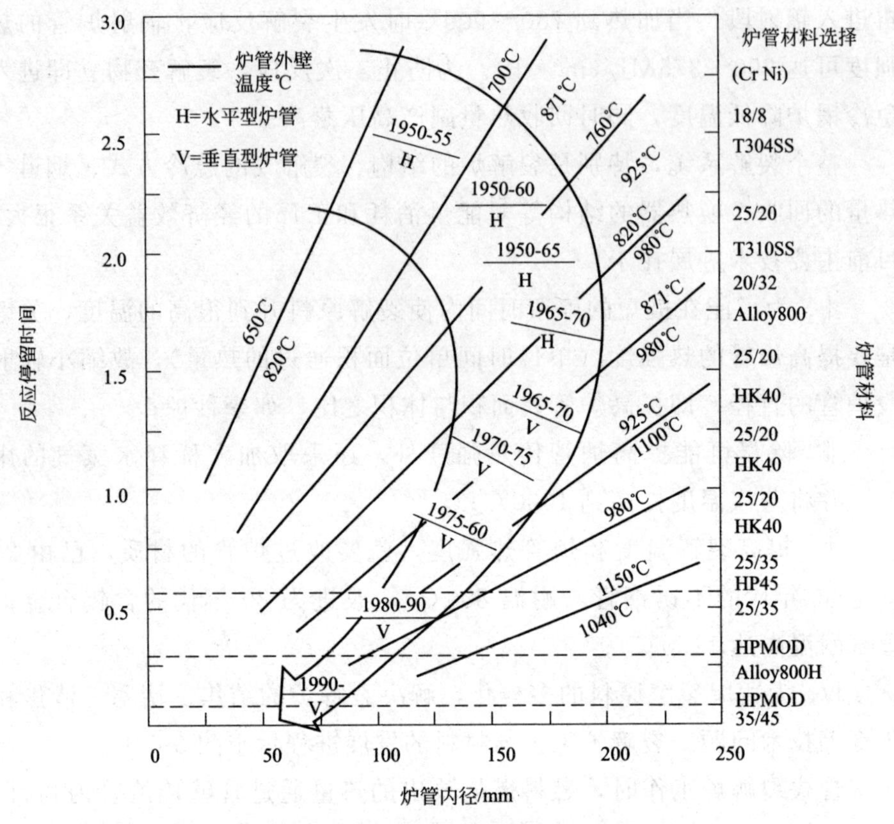

图 3-6 裂解炉工艺与材料的发展进程

裂解炉炉管的主要损伤的类型是渗碳，炉管内流过的石脑油等介质，它们在裂解过程中会生成焦炭，这些焦炭会在管内壁上集结下来。裂解炉的结焦速度是很快的，一般每隔 2～3 个月就得停炉烧焦一次，因此焦炭对管内壁的渗碳作用也很剧烈，会在炉管内壁形成一层“渗碳层”。使得材料的脆性增加，蠕变强度下降，当渗碳层的厚度达到 3～4mm 时，热应力急剧增加，该层开始产生裂纹并导致炉管的损坏。为此研究抗结焦的炉管，对于提高炉管生产效率和延长寿命均有重要的作用[3]。

3.2 化肥生产过程与装备

20 世纪 60～70 年代以来，化学工业竞争激烈，一方面由于对反应过程的深入了解，可以使一些传统的基本化工产品的生产装置，日趋大型化，降低成本。与此同时，由于新技术革命的兴起，对化学工业提出了新的要求，推动了化学工业的技术进步，发展了精细化工、超纯物质、新型结构材料和功能材料。1963 年，美国凯洛格公司设计建设第一套日产 540t 合成氨单系列装置，是化工生产装置大型化的标志。从 70 年代起，合成氨单系列生产能力已发展到日产 900～1350t，80 年代出现了日产 1800～2700t 合成氨的设计，其吨氨总能量消耗大幅度下降。

合成氨（synthetic ammonia）是以空气中的氮和水中的氢为原料，在高温、高压下直接人工合成的氨[4]。氨不但是氮肥工业中的主要原料，还可加工为硝酸，因而也是有机合成包括炸药、医药、燃料、塑料、纤维等一系列产品生产的重要原料，在国民经济中起着十分重要的作用。

既然氨是空气中的氮与水中的氢结合而成的，很容易想到氮可直接取之于空气或通过空气的液化分离而得到，氢也可以通过电解或其它方法分解水而获得。但是将空气分离得到氮和将水分离而得到氢，都必须消耗大量的能量。在实际生产中，由于经济上的因素，这样做只有在能源十分廉价的情况下才是可行的。更多情况下却要借助煤、石油或天然气为原料，通过烃类与水蒸气的作用而得到氢。有时还要将空气通过燃料层燃烧，使氧消耗而得到氮。这里，煤、石油、天然气提供的，与其说是构成氨所需要的物质，不如说是构成氨所需要的能量。

3.2.1 原料气的制备

合成氨的生产过程主要包含原料的制备、净化和氨的催化合成三个步骤。在以煤、石脑油、重质油和天然气为原料时，通常先在高温下将这些原料与水蒸气（有时加入空气）作用制得含有氢、一氧化碳、二氧化碳的混合气，这一过程称为“造气”。但目的是制备只含氢和氮且其比例约为 3∶1 的“合成气”，故原料气的制备除造气外还包括一氧化碳变为氢的“变换”，及脱除二氧化碳的“脱碳”等工序。

各种制氢原料，不论是煤、油、气，它们的主要成分都可用 C_nH_m 或元素碳 C 表示。在高温条件下，烃或碳与水蒸气作用生成氢和一氧化碳：

$$C_nH_m + nH_2O \longrightarrow nCO + (m/2+n)H_2$$

$$C + H_2O \longrightarrow CO + H_2$$

这些反应都是吸热的，必须提供热量使反应得以进行，并保持反应所需的高温。依不同原料和要求，采用不同供热方式或工艺方法。目前有内部蓄热法、部分氧化法、蒸汽转化法。

内部蓄热法主要用于煤的气化，将煤加热到足够的温度，再将气化剂鼓入，同高温的煤发生化学作用，生成气体产物，其主要成分有一氧化碳、氢气和甲烷，此外还有氮和硫化氢等。可用于工业化生产的煤气化技术有常压气化的科柏士－托切克法、固定床的加压鲁奇气化法、流化床的温克勒气化法和德士古气化法三种。由于常压气化能耗较高，目前总的趋向是采取高温、高压和沸腾床的工艺进行煤气化。

部分氧化法（partial oxidation）是在通入水蒸气的同时通入氧气或富氧空气，使一部分烃或碳与氧发生燃烧，在生成二氧化碳或一氧化碳的同时放出热量，供给大部分烃或碳的吸热气化反应之用。此法的优点是反应器的结构材料比蒸汽转化法便宜，对轻重原料都能适用；缺点是需要氧气或富氧空气，需另设空分装置，生成的气体中的一氧化碳对氢气之比较高。

蒸汽转化法（steam reforming）适用于轻质烃原料，如天然气和石脑油等，在耐高温合金制的管式反应器中进行，管外用燃料气燃烧加热，通过管壁传入反应所需热量，故与造气炉的供热方式不同，是一种外部供热方式。本法涉及大量高温合金的使用，在此作相对详细的介绍。天然气蒸汽转化的工艺流程如图 3-7 所示。

天然气首先被压缩至 3.6MPa，通过对流段预热至 350℃左右进入钴钼反应器和氧化锌脱硫槽，将硫脱至小于 0.5×10^{-6}后配入蒸汽，再入对流段加热至 520℃左右，通过上集气管、猪尾管从辐射段顶部进入装有镍催化剂的转化炉管中，在管内边反应边吸热，当离开炉管底部时温度达 820℃，甲烷含量为 10%左右，压力 3.1MPa，经炉底分集气管和上升管，温度升至 850℃左右，出炉顶汇集于集气总管再入二段炉。最后制得的原料气的典型组成为：H_2，58.2%；CO，8.5%；CO_2，11.5%；CH_4，0.2%；N_2，21.3%；Ar，0.3%。

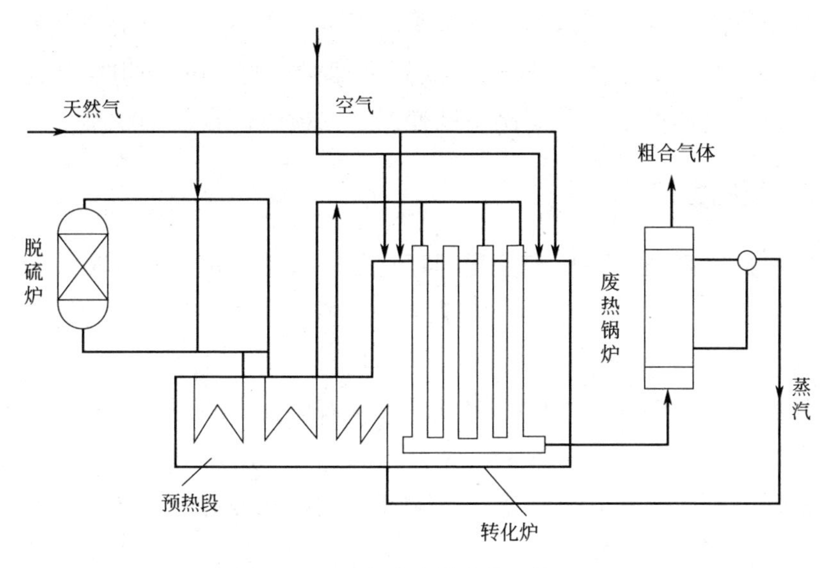

图 3-7 天然气蒸汽转化的工艺流程

这种方法总能耗较低，但转化炉管较昂贵。合成氨所需原料气只有氢和氮，而制气得到的原料气中却含有大量一氧化碳，因此还需通过变换工序使一氧化碳与水蒸气作用变为氢：

$$CO + H_2O \longrightarrow CO_2 + H_2$$

在进行氨的合成以前，所制得的原料气需进一步净化，包括脱硫、脱碳、脱一氧化碳、脱除水分等工艺过程。

在煤的气化工艺中，水蒸气与氧或者空气反应，产生的混合气体包含 CO、CO_2、CH_4、H_2、H_2O、H_2S、NH_3 和 N_2。当合金暴露于这种环境中时，其反应行为非常复杂，并与合金和气体的成分、反应温度等有关。一般情况下氧活度较低，材料的破坏机制包括金属的氧化、硫化以及碳化。在煤气化环境中所研究和使用的多数材料是以铬为主要添加元素的镍基和铁基合金，少数合金还含铝。

应用于蒸汽转化的高温炉管的合金成分和乙烯裂解的炉管基本相同，多以 Fe-Cr-Ni 系为基础，后来又增加了 Nb、Ti、W、Co 等少量合金元素来提高高温下的持久强度。HK-40 材料因镍含量少价格较低，是目前国内外服役的转化炉上用得最多的炉管材料，长时的高温性能数据较齐全。我国使用 HK-40 材料的蒸汽转化炉管的寿命大致是：20 世纪 60 年代 1.5 万～3 万小时，70 年代 3 万～4 万小时，80 年代5 万～8

万小时，目前已普遍可以达到9万小时以上。许多工厂目前也开始采用HP-40Nb，其高温强度较HK-40高，因而炉管壁厚可以相应减薄。转化炉炉管的损坏类型主要是高温蠕变[5]，占损坏件数的70%。

3.2.2 氨的合成

氢和氮在高温、高压和催化剂存在下，直接合成氨的反应式为：

$$N_2+3H_2 \rightleftharpoons 2NH_3$$

这是一个（在30.4MPa，400℃下的热效应 $\Delta H=-56.8kJ/mol$）可逆反应，故影响平衡时的氨浓度的因素有温度、压强、氢氮比和惰性气体含量等。典型的氨合成的工艺流程如图3-8所示。从造气、净化工段过来的新鲜气经原料气压缩机、循环压缩机压缩并经换热器换热达到反应所需的压力和温度进入合成塔中进行合成反应。氨合成的单程转化率不高，必须将分离氨以后的未反应氢氮混合气循环使用。这就要建立一个以循环压缩机为核心的回路流程。

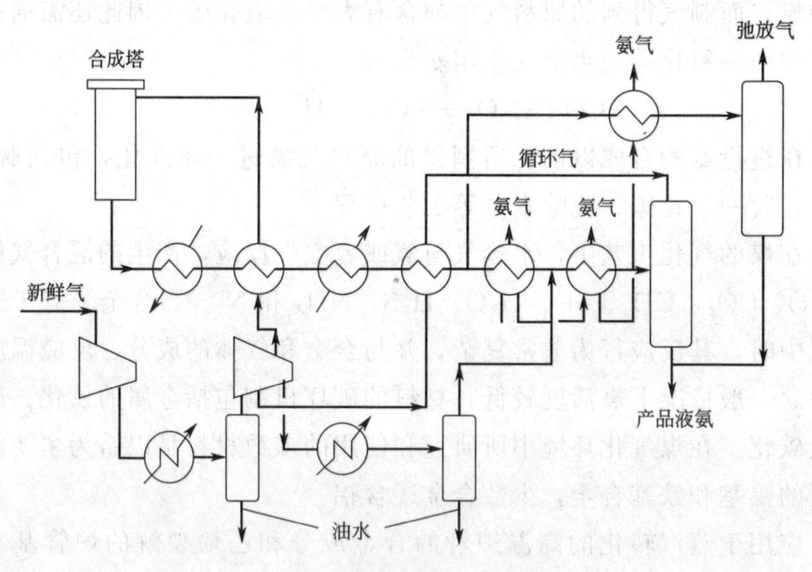

图3-8 氨合成的工艺流程

氨合成塔是在高温、高压下，使氢氮气体在催化剂上发生反应，以生成氨的一种结构比较复杂的设备，是合成氨厂的心脏。氨合成塔一般为长筒形，由外筒和内构件两部分构成。外筒的作用是承受压力，使反应得以在高压下进行，因为外筒温度不高，可用高强度、低合金钢锻造。内构件又分两部分，一是催化剂筐，二是换热器。换热器的作用是使从催化剂筐出来的高温（>400℃）气体与进塔的原料气（一般<140℃）进行热交换，使进料气体达到反应温度，而使出塔气体的温度降低，以节约能量。催化剂筐中装催化剂，为使反应热及时移出并调节温度，筐中设冷却套管，因套管的形式和气流的方式不同，合成塔有单冷管、双套管、三套管和并流、逆流等种类。典型的合成塔结构示意图见图 3-9。

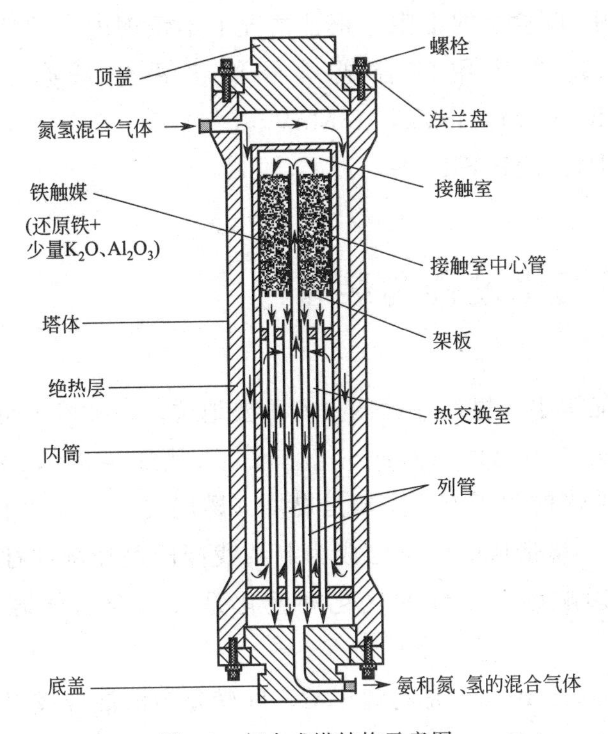

图 3-9 氨合成塔结构示意图

材料的选择对氨合成塔的结构完整性有重要的影响，一般对筒体和内件以及废热锅炉用材有如下的要求：

ⅰ. 有良好的可焊性；

ⅱ. 除了要求在使用温度下有较高的强度外，还应有良好的塑性（内筒的材料通常要比层板或钢带有更好的塑性），一般要求内筒 $\delta_s \geq 16\%$、层板及钢带 $\delta_s \geq 14\%$、单层筒体 $\delta_s \geq 15\%$；同时还需有良好的冲击韧性和较低的缺口敏感性；

ⅲ. 和介质直接接触的材料（如内筒和单层容器等），还必须具有抗氢、氮、氨腐蚀的性能；

ⅳ. 热稳定性好。

高温氢腐蚀是氨合成塔材料特别是内件材料最常见、最主要且最危险的破坏形式[6]。在一定的温度和压力条件下，氮与铁以及其它很多合金元素亦能化合生成硬和脆的氮化物，使钢材氮化。同时氨也会分解为原子氢和氮，使腐蚀作用加剧。我国多数大、中型的氨合成塔的内件一般采用1Cr18Ni9Ti，其抗氢腐蚀的性能良好，但对抗氮化的作用来说必须控制钢中Ti含量的上限。正常情况下不锈钢内件的使用寿命可达十年以上。现在使用的合成塔外筒多采用低合金高强度钢18MnMoNbR，14MnMoVg，15MnVgc，16Mn等制作，内筒采用18MnMoNbR，15MnVR。

3.3 煤气化过程与装备

在一次能源中，煤炭在我国占有重要地位，在技术上可开采的能源储量中，煤炭占87.4%（石油占2.8%，天然气0.3%，水力9.5%），但我国传统的煤的利用方式主要是燃烧（燃烧占75%，气化5%，焦化20%），其对环境造成的污染已成为制约我国国民经济和社会持续发展的一个重要影响因素。煤的气化和液化是我国今后能源利用的重要方向。

气化（gasification）是将煤中C、H转化为清洁合成气（$CO+H_2$）的过程。它具有高效、清洁等显著特点，是实现资源可持续、能源有保障、环境零污染的重要途径。煤气化是发展煤基化学品生产、煤基液体燃料（合成油品、甲醇、二甲醚等）、先进的整体煤气化联合循环（IGCC）发电、多联产系统、制氢、燃料电池、直接还原炼铁等过程工业的基础（图3-10），而煤气化炉是过程工业的共性装备、关键装备和龙头装备。

图3-11为水煤浆（coal slurry）气化技术工艺原理图。包括4个工序，即磨煤制浆工序、水煤浆气化工序、合成气初步净化工序、含渣水处理工序。

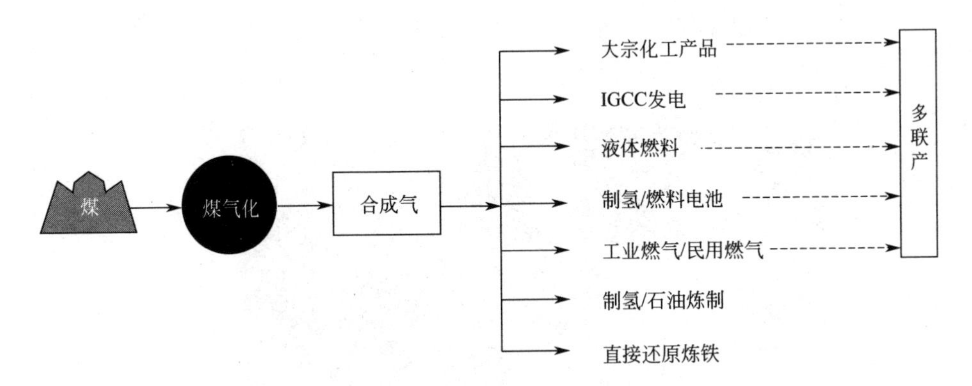

图 3-10 煤气化的应用领域

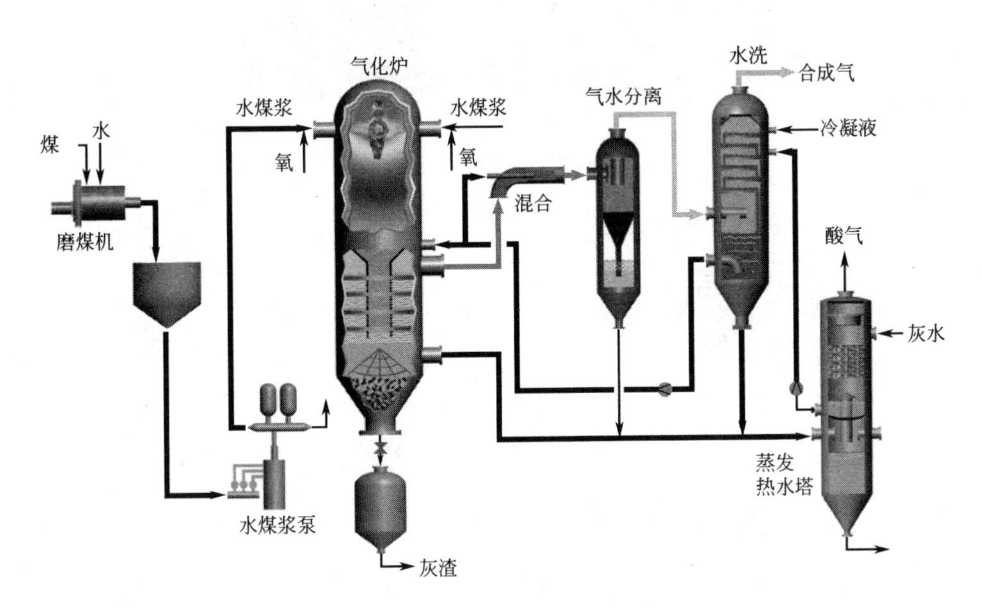

图 3-11 水煤浆气化技术工艺原理图

水煤浆气化压力在 4.0MPa 以上，气化温度高达 1350℃。在此高温下化学反应速率相对较快，气化过程速率为传递过程控制，喷嘴与炉体匹配形成的流场及混合过程起着极为重要的作用，也是水煤浆气化技术的核心。我国华东理工大学采用受限射流条件下多喷嘴对置形成撞击流，并优化炉型结构及尺寸，强化了炉内热质传递。撞击流气化炉流场结构由射流区、撞击区、撞击流股、回流区、折返流区和管流区组成，其流场结构及混合尺度、停留时间分布、浓度分布均较为理想(图 3-12)。

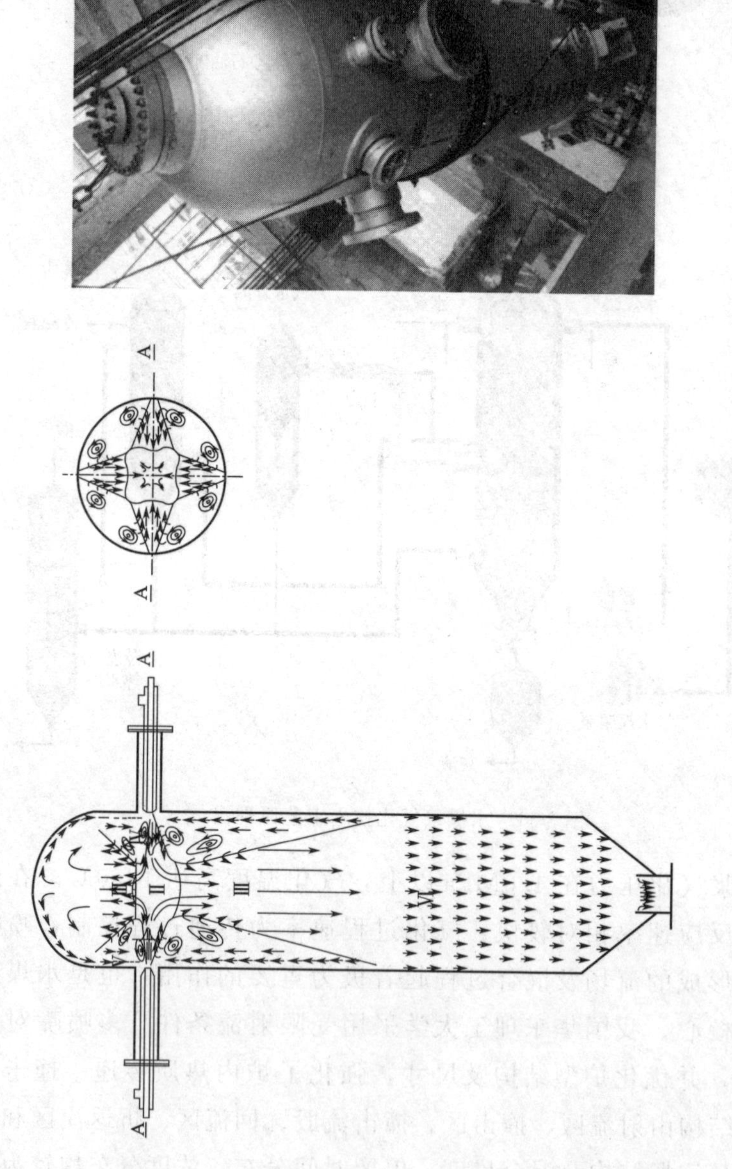

图 3-12 四喷嘴对置撞击流气化炉

新型气化炉型式克服了传统水煤浆气化炉部分物料在炉内停留时间极短（不到百分之一秒）、尚未反应便离开了气化炉这一缺陷，强化了反应物料之间的混合与热质传递，大大提高了气化效率。实践证明新型气化炉具有碳转化率高、比氧耗、比煤耗低的优点。更重要的是，多喷嘴组合有利于气化炉的大型化。

煤气化技术的进一步发展有赖于煤气化装备的大型化、高效化及其长周期运行的安全可靠性。大型化是煤气化炉发展的首要问题，以煤间接液化为例，生产规模为500万吨/年的生产装置，气化用煤在2200万～2500万吨/年，需3000吨/天的气化装置25台左右，需求十分惊人。其次实现能量的高效转化与合理回收是煤气化过程需要解决的迫切问题，特别是对整体煤气化联合循环发电系统，合理高效的能量回收可显著提高整体发电效率，降低发电成本。回收煤气显热的技术有两种，即激冷工艺和废热锅炉工艺，前者特别适合于煤基化学品的生产，后者更适合于整体煤气化联合循环发电。激冷工艺设备简单，投资省，但能量回收效率低。废热锅炉热量回收效率高，但设备庞大，投资巨大，以壳牌（Shell）技术为例，日处理1000吨煤气化炉废热锅炉高达50余米，投资1.5亿以上。此外，由于相关设备多在高温高压复杂环境下运行，必须深入研究其失效模式及其防止方法，以提高装置长周期运行的安全可靠性。

3.4 生物转化过程与装备

酒是早期生物技术产品的最主要代表，其历史几乎和人类文化史一样久远，从五千年前的古埃及壁画中可看到当时的古埃及人在葡萄栽培，葡萄酒酿造以及葡萄酒贸易等方面的生动情景。随着农业文明的出现，谷物酿酒逐渐取代了天然果酒。中国是世界上最早酿酒的国家之一，考古资料表明我们的祖先在5000年前的龙山文化早期，就已经开始了谷物酿酒的划时代创造。酿酒以及随后出现的奶酪等一些发酵食品是一些早期的生物技术成果，人们利用自然的发酵现象（fermentation）丰富着自己的生活，建立并发展了酿造技术。但直到十九世纪中期，人们还不知道酿造技术的内在原因。至1857年，被称为微生物之父的法国人巴斯德（Louis Pasteur）用实验方法证明了酒精发酵与酵母菌有关，1897年德国科学家毕希纳（Eduard Büchner）最终确证了发酵过程的酶学机制（此贡献获1907年诺贝尔化学奖），到此才揭开了发酵现象的奥秘。之后随着微生物纯培养技术的建立，密闭发酵罐的设计成功，使人们能够利用某种类型的微生物进行大规模的生产，逐渐形成了现代发酵工业。

发酵工程最初的进展出现在20世纪初，1916年英国采用梭状芽孢杆菌生产丙酮丁醇，德国用亚硫酸盐法生产甘油，标志着发酵工业从传统的食品工业向非食品工业发展。20世纪40年代青霉素工业的产生，人们开始建立起一整套好氧发酵技术及大型搅拌发酵罐的培养方法，发酵工业的规模得到了空前的发展。20世纪五六十年代氨基酸工业的建立，人们开始有目的地改变微生物自身固有的代谢调节机制，形成了经典的代谢控制发酵技术，大大加快了新产品的开发速度和力度，发酵工业开始大规模的向各个行业渗透。20世纪70年代开始，随着分子生物学、细胞生物学的发展，基因工程技术逐步开始作为新产品开发的主要手段和关键技术，发酵产品也从传统的微生物制品拓展到动、植物表达的产品。目前发酵工程的技术的应用领域涉及医药、轻工、食品、农业、环保、能源等诸多行业，为人类生产力的发展做出了巨大的贡献，并提供着巨大的发展潜力。

一般地说，生物工程包含四个主要领域：细胞工程、基因工程、酶工程和发酵工程，发酵工程在许多生物与化学制药工艺中起着关键作用，可以认为是生物工程产品化的桥梁。尤其是对于以微生物或酶等生物催化剂实现物质转化的工业生物技术，发酵工程被认为是其核心。

应用于微生物深层培养的机械搅拌型反应器统称为发酵罐。发酵罐是密闭受压设备，主要部件有罐体、搅拌装置、消泡器、轴封、传动装置、传热装置、挡板、人孔、视镜、进出料管、取样管、通气及排气装置等。针对发酵反应过程，需对多种参数进行检测（自动或手工检测）和控制，以实现在预定条件或最适条件下进行反应。这需要大量的将非电量转换为电量的传感器，在线测量压力、温度、酸碱度、溶氧、液位、泡沫、搅拌转速、搅拌功率、排气 CO_2、O_2、营养物补充的计量、反应器重量、空气流量等；离线检测包括显微镜图像和各种生物参数。根据测得的信息，可对反应器进行适当的控制，使生物催化剂处于高效的催化活性状态，实现高速和高效的生物反应，以降低原材料和能量消耗，同时保证产品质量。发酵控制的参数主要包括温度、pH、溶氧浓度（具体是通气量与搅拌转速）、基质和细胞浓度等，具体如图 3-13 所示。目前，实验室和工业规模生物反应器已普遍采用计算机技术进行控制。

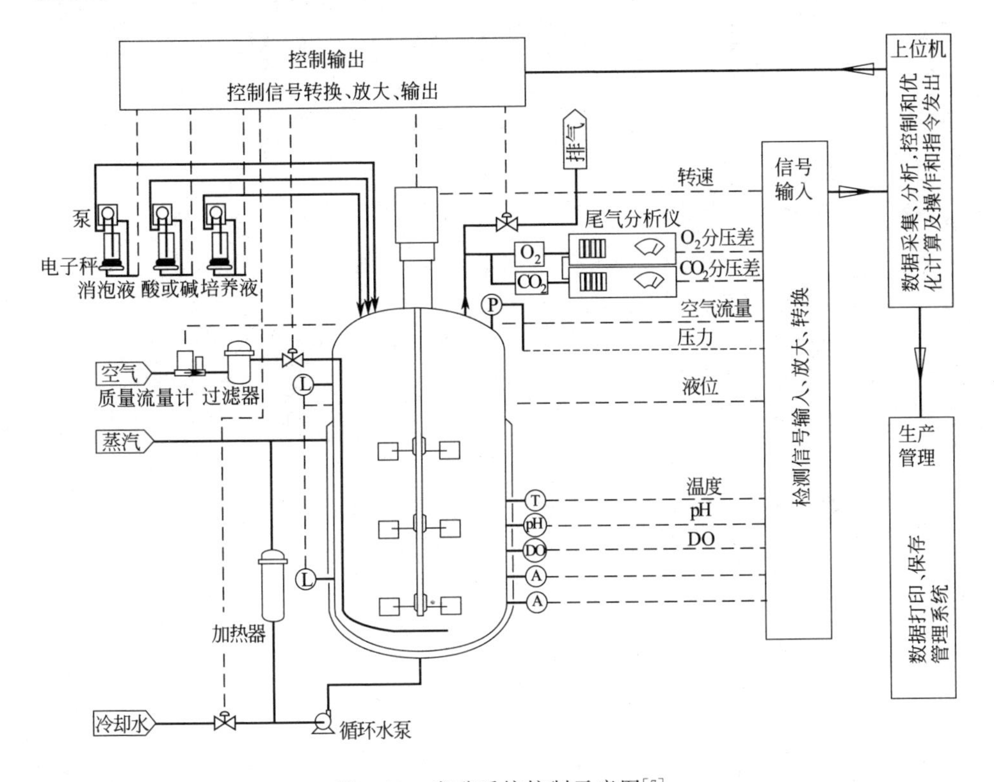

图 3-13 发酵系统控制示意图[7]

参考文献

［1］ 苏健民．化工和石油化工概论．北京：中国石化出版社，1995.

［2］ 王松汉，何细藕．乙烯工艺与技术．北京：中国石化出版社，2000.

［3］ Petrone S，Mandyam R，Wysiekierski A，Tzatzov K，Chen Y. A Carbon-Like Coating For Improved Coking Resistance In Pyrolysis Furnaces，1998

AIChE Spring National Meeting，New Orleans：AIChE. 1998.
[4] 姜圣阶等. 合成氨工学. 北京：石油化学工业出版社，1978.
[5] 钱家麟等. 管式加热炉. 北京：烃加工出版社，1987.
[6] 余宗森. 钢的高温氢腐蚀. 北京：化学工业出版社，1987.
[7] 张嗣良. 生物工程. 大学工科专业概论. 上海：华东理工大学出版社，2008.

第4章 过程装备是能源生产的核心

能源是可以直接或经转换提供人类所需的光、热、动力等任一形式能量的载能体资源。能源是人类生存和发展的重要物质基础，是从事各种经济活动的原动力，也是社会经济发展水平的重要标志。典型的过程装备——蒸汽机的出现，促使能源结构从薪柴转向煤炭，而大型过程装备的制造技术（焊接、压力成型等）的发展又促使从煤炭转向石油、天然气和核原料，随着能源和环境问题日益突出，能源结构向多元化转变将势在必然，先进过程装备技术也必将在其中发挥关键的作用。今天，不管是基于煤炭、石油、天然气等矿物资源的能源系统，还是核能、地热能、海洋运动能、风能、生物能等新型能源系统，都有过程设备作为核心设备在运转。

为此本章简要介绍与电力相关的能源生产过程，包括火力发电、核发电、生物质发电等工艺过程与装备技术。

4.1 火力发电过程与装备

4.1.1 发电过程基本原理

火电厂（coal fired power plant）的蒸汽参数是指蒸汽的压力和温度。按照卡诺循环的原理，提高高温热源的温度或降低低温热源的温度，可以提高热机的热效率。发电循环不是严格的卡诺循环，但这一原则也基本适用。因此蒸汽参数较低的电厂效率相应较低，蒸汽参数越高电厂的效率也就越高。一般来说，汽压为12MPa以上的机组称为超高压机组，汽压为16～17MPa以上的机组称为亚临界压力机组，汽压高于24MPa的机组称为超临界压力机组，汽压在27MPa以上的则称为超超临界压力机组。

图4-1为普通火力发电设备的热力系统示意图，其中图4-1(a)为没有再热（蒸汽再过热）的热力系统，图4-1(b)为具有一次再热的热力系统。对于图4-1所示的系统，锅炉的工作介质——水，由给水泵10压送，经高压加热器11加热后送进锅炉，在锅炉的省煤器内进一步加热，然后在水冷壁中蒸发常数饱和蒸汽，后者在过热器内加热为温度较高的过热蒸汽，再由管道（主蒸汽管）送往透平机2。透平机2和发电机3是用联轴节相互连接在一起的，发电机转子在旋转过程中即实现机械能向电能的转换，并通过发电厂内的变压器和输电线路向外界输送电力。过热蒸汽进入透平机的状态参数，称为初参数，以压力p_0和温度t_0表示。

蒸汽在透平机内通过多级叶片做功后，压力和温度逐渐下降，从透平机排出时，压力和温度大体为p_2＝0.004～0.008MPa，t_2＝28～40℃。为回收这些纯度很高的蒸汽，在锅炉给水形成闭式热力循环，专门设置一个凝汽器5。透平机排汽在凝汽器内被冷却水（习惯上也称循环水）冷却凝结。温度很低的凝结水由凝结水泵7泵送经过低压加热器8（图中示出一组，在大型火力发电设备中一般为多组）加热后进入除氧器9，在其中用加热法除去凝结水中可能存在的氧气，以避免管道，锅炉和高压加热器等设备发生腐蚀现象。经除氧后的水由给水泵输送经高压加热器（组）11进一步加热提高温度后送入锅炉，作为锅炉的给水，实现系统内的汽水循环。

进入透平机的蒸汽所拥有的热能，一部分转变为透平机的机械能，并进一步转换为发电机的输出电能。但透平机的排汽所拥有的热能在凝汽器内传递给（循环）冷却水，并向周围环境散失，是一种能量损失，称为冷源热损失。这一损失的大小是影响火力发电设备热效率高低的关键因素。这一损失的数值和所占的比例越大，发电设备的热效率就越低，发电所需燃料耗量也就越大。

在进入透平机的蒸汽中，有一部分做过功后从透平机中抽出（图4-1中12～14），分别供给高压加热器、除氧器和低压加热器作为回热

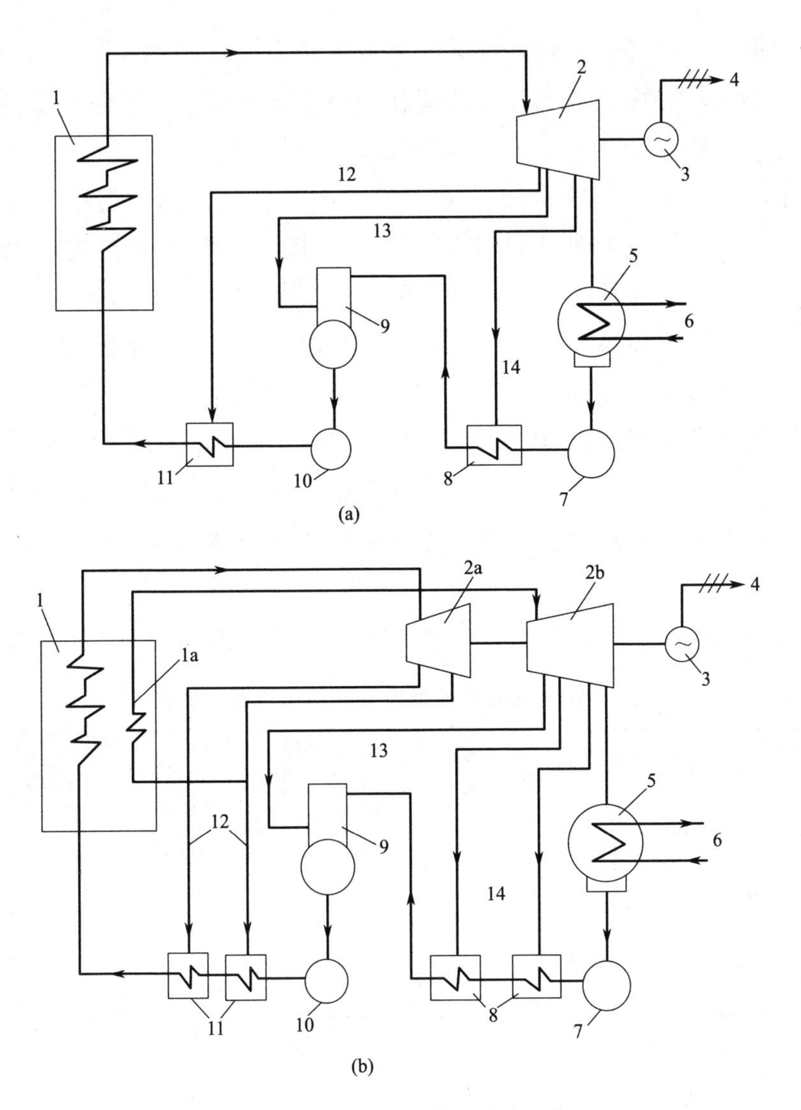

图 4-1 火力发电设备的热力系统

1—锅炉；2—透平机；3—发电机；4—电能输出；5—凝汽器；6—循环冷却水系统；7—凝结水泵；8—低压加热器；9—除氧器；10—给水泵；11—高压加热器；12～14—透平机回热抽汽，分别供高压加热器、除氧器和低压加热用；1a—再热器；2a—透平机高压缸；2b—透平机中、低压缸

抽汽，以加热透平机凝汽器的凝结水和锅炉给水，逐步提高锅炉给水的温度，减少其在锅炉内部加热所耗的热量。另一方面，透平机的回热抽汽可减少进入凝汽器的排汽量及其热量，减少冷源热损失，因而可提高发电设备的循环热效率。

根据卡诺循环的原理，提高发电设备热力循环的初参数（p_0 和 t_0）是火力发电厂提高热效率和节约能耗的一个重要途径，当保持透平机排汽压力和温度（p_2 和 t_2）不变时，也就是说，在一定量的冷源热损失情况下，透平机进汽压力和温度（p_0 和 t_0）越高，则在透平机内转变为有用功的能量及其所占的比例就越大，因而发电厂的热效率也就越高。较高的蒸汽参数，常常与蒸汽的再热联系在一起。图 4-1(b) 所示系统中，透平机由高压缸和中、低压缸组成。在高压缸中做过功后，蒸汽的压力和温度已经降低很多。这时将其送回锅炉，在再热器［图 4-1(b) 中的 1a］内再次加热至较高温度，使其拥有较大能量，然后再送往透平机的中、低压缸，可以增加其在中、低压缸中做功的能量和所占比例。因此，具有蒸汽再热的火电设备，其循环热效率比不带再热的设备高。

表 4-1 示出火力发电厂的发电效率与蒸汽参数之间的大致关系。

表 4-1 火力发电厂的发电效率与蒸汽参数的关系

机组类型	蒸汽压力 p_0 /MPa	蒸汽温度 t_0[①] /℃	电厂效率 /%	供电煤耗 /[g/(kW·h)]
高压机组	9.0	510	33	372
超高压机组	13.0	535/535	35	351
亚临界机组	17.0	535/535	38	324
超临界机组	25.5	566/566	41	300
超超临界机组	27.0	600/600	45	273
超超临界机组	30.0	600/600/600	48	256
高温超超临界	30.0	700	57	215

① 带有一根斜线的表示热力循环具有一次再过热，两根斜线则表示具有两次再过热。左边的数值为蒸汽的初温，往后依次为一次再热汽温和二次再热汽温。

4.1.2 火力发电的关键过程装置

(1) 锅炉

锅炉（boiler）的作用是将燃料的化学能转变为热能，并利用热能加热锅内的水使之成为具有足够数量和一定质量（汽温、汽压）的过热蒸汽，供汽轮机使用。锅炉本体是锅炉设备的主要部分，是由“锅”和“炉”两部分组成的。“锅”是汽水系统，它主要任务是吸收燃料放出的热量，使水加热、蒸发并最后变成具有一定参数的过热蒸汽。它由省煤器、汽包、下降管、联箱、水冷壁、过热器和再热器等设备及其连接管道和阀门组成。锅炉及其辅助装置如图 4-2 所示。

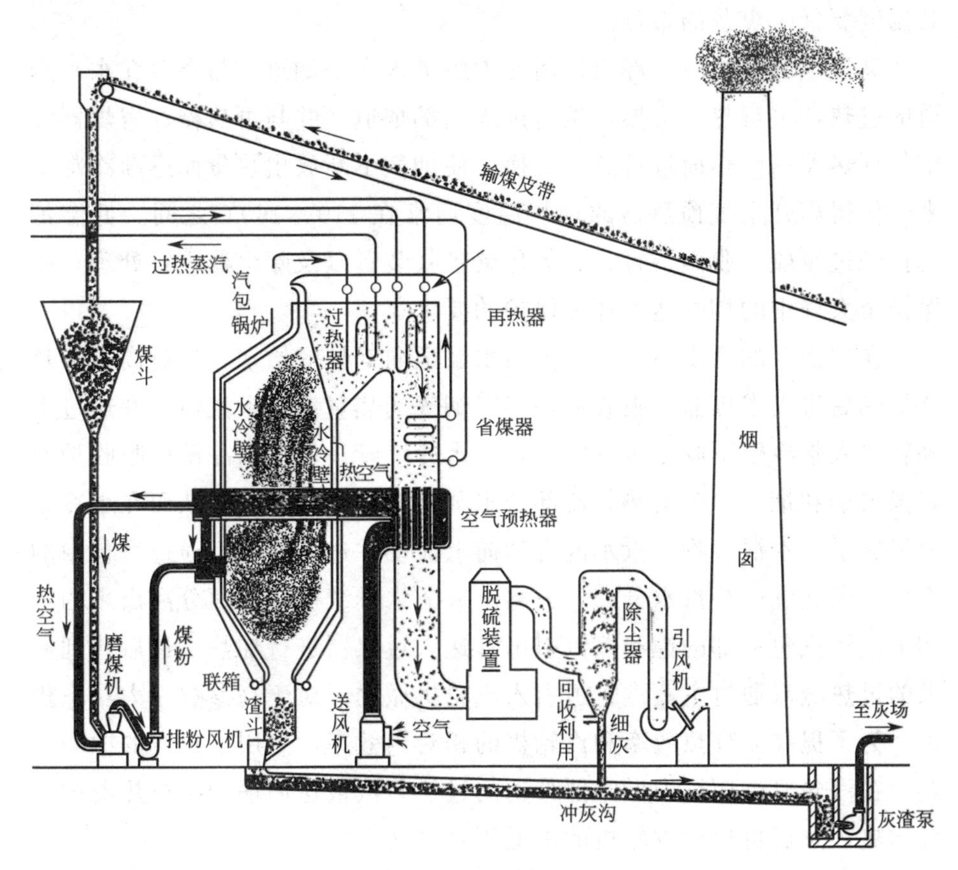

图 4-2 锅炉及其辅助装置

在“炉”的燃烧系统中，原煤经煤斗送入磨煤机磨制成煤粉，与此同时需要热空气对煤粉进行加热和干燥，因此外界冷空气通过送风机送入锅炉尾部烟道的空气预热器中，被烟气加热成为热空气进入热风管道。其中一部分热空气送入磨煤机中，对煤进行加热和干燥，同时这部分空气也是输送煤粉的介质，煤粉和热空气的混合物经燃烧器进入炉膛内燃烧；另一部分热空气则直接经燃烧器进入炉膛参与煤粉的燃烧。

煤粉在炉膛内迅速燃烧后放出大量的热量，使炉膛火焰中心的温度具有 1500℃或更高的温度。炉膛四周内壁布置有许多的水冷壁管，炉膛顶部布置着顶棚过热器及炉膛上方布置着屏式过热器等受热面。水冷壁和顶棚过热器等是炉膛的辐射受热面，其内部的工质在吸收炉膛的辐射热的同时，使火焰温度降低，保护炉墙不致被烧坏。为了防止熔化的灰渣黏结在烟道内的受热面上，烟气向上流动到达炉膛上部出口处时，其温度要低于煤灰的熔点。

高温烟气经炉膛上部出口离开炉膛进入水平烟道，与布置在水平烟道的过热器进行热量交换，然后进入尾部烟道，并与再热器、省煤器和空气预热器等受热面进行热量交换，使烟气不断放出热量而逐渐冷却下来，使得离开空气预热器的烟气温度通常在110～160℃之间。低温烟气再经过脱硫、脱硝装置、二氧化碳吸收装置以及除尘器进行处理，确保排至大气中的烟气达到环境保护的要求。

在“锅”的汽水系统中，由给水泵送向锅炉的给水，经过高压加热器加热后进入省煤器，吸收锅炉尾部烟气的热量后进入汽包，并通过下降管引入水冷壁下联箱再分配给各个水冷壁管。水在水冷壁中吸收炉膛高温火焰和烟气的辐射热，使部分水蒸发变成饱和蒸汽，从而在水冷壁内形成了汽水混合物。汽水混合物向上流动并进入汽包，通过汽包中的汽水分离装置进行汽水分离，分离出来的水继续循环。而分离出来的饱和蒸汽经汽包上部的饱和蒸汽引出管送入过热器进行加热。最后达到要求的过热蒸汽通过主蒸汽管道引入汽轮机做功。对于高参数、大功率机组，为了提高循环热效率和汽轮机的相对内效率，采用了蒸汽的中间再热，在汽轮机高压缸内做完部分功的过热蒸汽被送回锅炉的再热器中进行加热，然后再送到汽轮机的中低压缸做功。

（2）汽轮机

汽轮机（turbine）是一种精密的重型原动机，以蒸汽为工作介质，将蒸汽的热能转变为机械能，驱动发电机发电（也可直接用于驱动大型的压缩机、泵及风机等）。汽轮机本体尺寸大、零件多、转速高，使用的蒸汽参数高，其安全运行十分重要。根据工作原理不同，可将汽轮机分为冲动式汽轮机和反动式汽轮机。

冲动式汽轮机主要由冲动级组成，蒸汽主要在喷嘴叶栅中膨胀，在动叶栅中只有少许膨胀。结构为隔板型，动叶片嵌装在叶轮的轮缘上，喷嘴装在隔板上，隔板的外缘嵌入隔板套或气缸内壁的相应槽道内。图4-3(a)为单级冲动式汽轮机示意图。

其流体与叶片的作用原理如同乡间水车。蒸汽在喷嘴中发生膨胀，

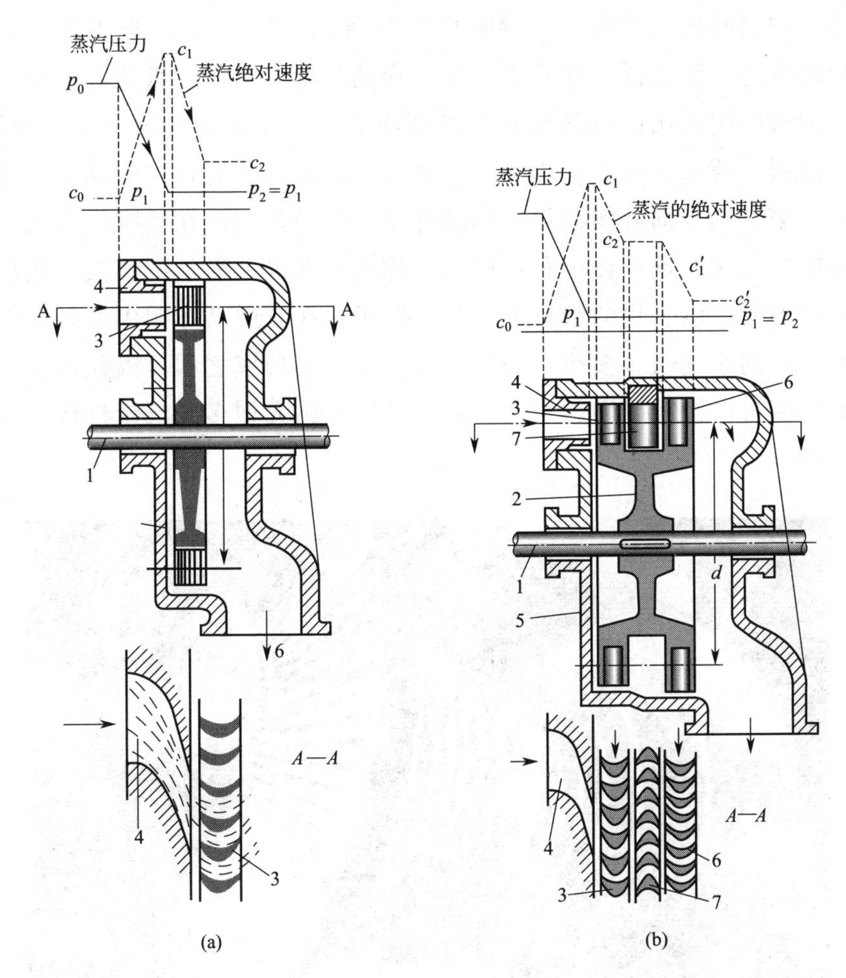

图 4-3 冲动式汽轮机示意图

1—轴；2—叶轮；3—动叶片（栅）；4—喷嘴；5—气缸；
6—第二列动叶栅；7—导向叶栅

压力降低（由 p_0 降至 p_1），速度增加（从 c_0 增至 c_1），热能转变为动能。高速汽流流经动叶片 3 时，由于汽流方向改变，产生了对叶片的冲动力，推动叶轮 2 旋转做功，将蒸汽的动能变成轴旋转的机械能。蒸汽离开动叶栅的速度降至 c_2。由于蒸汽在动叶栅中不膨胀，所以动叶栅前后压力相等，即 $p_1=p_2$。

在单级汽轮机中，当喷嘴中比焓降较大时，喷嘴出口的蒸汽速度很高，从而使蒸汽离开动叶栅的速度 c_2 也很大，这将产生很大的损失，降低了汽轮机的经济性。为了减小这部分损失，可如图 4-3(b) 那样，在第一列动叶栅后安装一列导向叶栅 7，使蒸汽在导向叶栅内改变流动方向后再进入装在同一叶轮上的第二列动叶栅 6 中继续做功。这样，从第一列动叶栅流出的汽流所具有的动能又在第二列动叶栅中加以利用，使动能损失减小。如果流出第二列动叶的汽流还具有较大的动能，还可以再装第二列导向叶栅和第三列动叶栅。这种将蒸汽在喷嘴中膨胀产生的动能分几次在动叶栅中利用的级，称为速度级。通常把蒸汽动能在两列动叶栅中加以利用的级称为二列速度级，在三列动叶栅中加以利用的级称为三列速度级。多级汽轮机的功率是各级功率之和，因此多级汽轮机的功率可以按需要做得很大。某超临界电站大型多级汽轮机转子如图 4-4 所示。

图 4-4 大型多级汽轮机转子

反动式汽轮机与冲动式汽轮机的结构及蒸汽在其级内的能量转换方式有所不同。反动式汽轮机利用蒸汽在汽轮机叶片槽道中膨胀加速，流出叶片时产生的反推力来做功的汽轮机。主要由反动级组成，蒸汽在喷嘴叶栅和动叶栅中的膨胀程度相同。结构为转鼓型，动叶片直接嵌装在转子的外缘上，隔板为单只静叶环结构，它装在气缸内壁或静叶持环的相应槽道内。采用喷嘴调节的反动式汽轮机，第一级为部分进汽，为避免产生过大的漏气损失，故第一级常采用单列或双列速度级而不做成反动级。

4.1.3 火电厂用主要材料及性能

火力发电厂的主要部件的材料和性能要求列于表4-2中。从表中可见，含碳、钼或钒的低合金铁素体钢构成了电厂材料的主要部分。高温下的承载构件（如透平叶片，螺栓），一般用含12%Cr的马氏体钢。

表4-2 火力发电厂的一些主要部件的材料和性能要求

构　件	材　料	性能要求
锅炉：		
水冷壁管	碳钢，C-Mo钢	拉伸强度，抗腐蚀，可焊性
汽包	碳钢，C-Mo，C-Mn钢	拉伸强度，抗腐蚀，可焊性，腐蚀疲劳强度
联箱管	碳钢，C-Mo钢，C-Mn钢，Cr-Mo钢	拉伸强度，可焊性，蠕变强度
过热器/再热器	Cr-Mo钢，奥氏体钢	可焊性，蠕变强度，抗氧化
分离器	Cr-Mo钢（P91）	可焊性，蠕变强度
主蒸汽管	Cr-Mo钢，奥氏体不锈钢	可焊性，蠕变强度，抗氧化
透平：		
高压-中压转子/转盘	Cr-Mo-V钢（12Cr）	蠕变强度，抗腐蚀，热疲劳强度，韧性
低压转子/转盘	Ni-Cr-Mo-V钢	韧性，应力腐蚀抗力，疲劳强度
高压-中压叶片	12%Cr钢	蠕变强度，疲劳强度，抗腐蚀，抗氧化
低压叶片	12%Cr钢，17-4PH不锈钢，Ti-6Al-4V	疲劳强度，抗腐蚀－疲劳点蚀
内箱体，蒸汽腔，阀	Cr-Mo钢	蠕变强度，热疲劳强度，韧性，屈服强度
螺栓	Cr-Mo-V钢，12Cr-Mo-V钢	弹性极限应力，蠕变强度，抗应力松弛，韧性，缺口韧性
发电机：		
转子	Ni-Cr-Mo-V钢	屈服强度，韧性，疲劳强度，抗磁性
固定挡圈	18Mn-5Cr钢，18Mn-18Cr钢	高屈服强度，抗氢和应力腐蚀，无磁性
冷凝器	铜镍合金，钛、不锈钢、黄铜	腐蚀和腐蚀抗力

联箱管、蒸汽管道一般采用Cr-Mo钢制造，在超临界的条件下有时也有奥氏体不锈钢，在超超临界条件下，则较多地采用T/P91、P92、TP347H、Super304H等高等级材料。在过热器/再热器部分，一般在连接管的后一部分要承受高温，因而采用奥氏体不锈钢管。而在温度较低的前一部分，出于经济性的考虑，则采用低合金铁素体钢管。管件多用拉拔成形的，而对大直径管可用卷板并纵向焊接而成。高温下的蠕变、疲劳以及氧化是设计中必须考虑的主要问题，同时，由于需要大量焊接，材料的可焊性与焊接接头的可靠性是关键[1]。

从表4-1的数据可以看出，火力发电采用超高参数（高温超超临界）发电时，可比亚临界参数发电节省三分之一以上燃料消耗，所带来的经济效益是显然的；但要实现如此之高的参数，材料与装备的可靠性与经济性是关键的因素。从图4-5可以看出，为了实现足够的设计寿命，在550℃以后，即使小幅度提升工作温度，也会导致材料成本的大幅度增加。目前攻克700℃以上的电站材料与结构的设计已成为世界性的前沿技术课题。

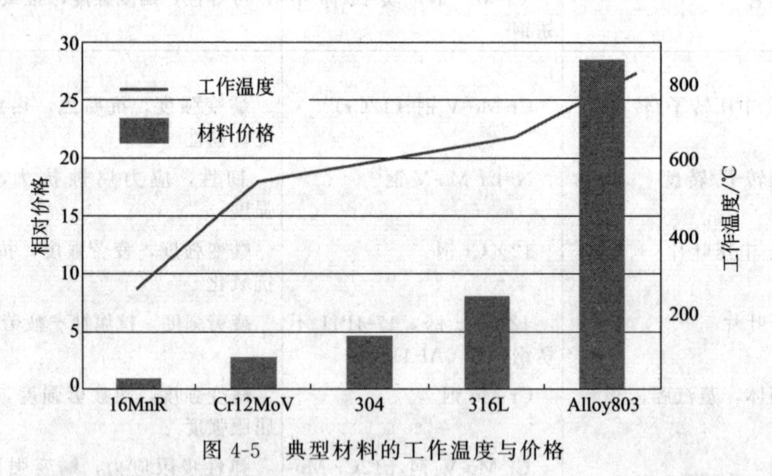

图4-5 典型材料的工作温度与价格

4.2 原子能发电过程与装备

原子能被用于发电对人类历史进程是具有重要影响的。核原料^{235}U可用中子引发其原子发生核裂变，每个^{235}U原子核分成两块碎片，同时放出 2～3 个中子，而每个新产生的中子能使另一个 ^{235}U 原子核发生裂变，从而又产生更多的中子，由此不断发生裂变，叫链式反应，^{235}U 原子核完全裂变放出的能量是同量煤完全燃烧放出能量的 2700000 倍，这也是核爆炸的基本原理。但是原子弹爆炸是不可控制的链式反应，要使核裂变能为人类服务，关键是要控制链式反应。为此必须建造一个可控制的适合工业生产需要的原子反应堆。反应堆的心脏是装上 ^{235}U 的堆芯，使可控的原子核反应在堆芯中进行。

由于 ^{235}U 裂变放出中子速度很快，天然铀中 ^{235}U 浓度又低，不易裂变，因此人们必须使用一种慢化剂，使快中子变成慢中子，这样 ^{235}U 可不断地裂变下去。但快中子又不能出现太多，以避免过高的堆芯温度，引起事故，因此必须寻找一种能吸收中子的控制棒，这种控制棒可用镉和硼制造，这样链式反应便可按人们的意志进行。反应堆内放出大量原子能，并转化成热能，并通过冷却剂把热量带出来，再送到中间热交换器里，把热量传给热交换器中的水。水受热汽化，推动蒸汽透平，从而带动发电机发电，这就是核电站（nuclear power plant）发电的基本原理。如图 4-6 所示为压水堆（pressurized water reactor，PWR）核电站构成示意图。在核电站中，反应堆安全壳代替了火电厂的锅炉房，反应堆和中间热交换器（蒸

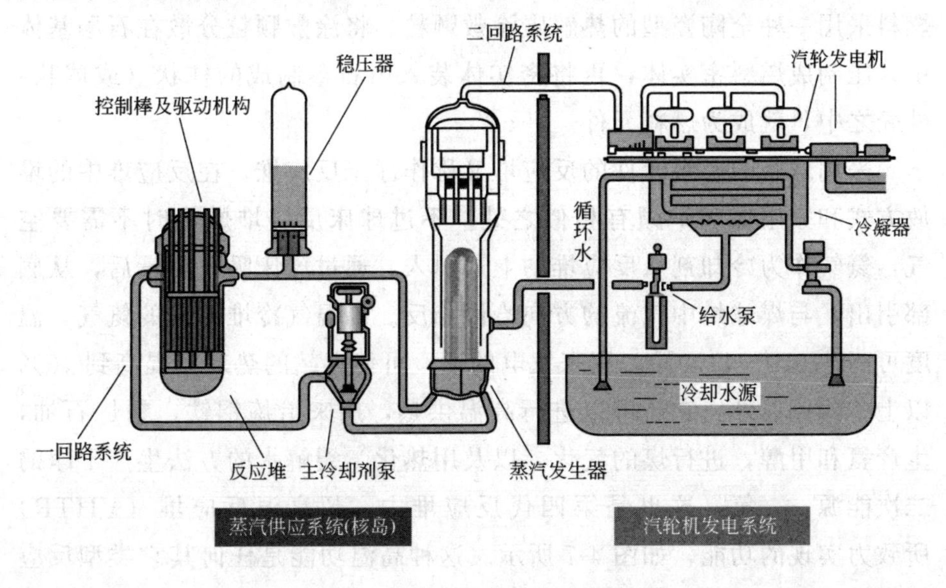

图 4-6　核电站的构成示意图

汽发生器）代替了锅炉。除了压水堆核电站，目前较为普及的反应堆堆型还有沸水堆（boiling water reactor，BWR）核电站及重水堆（heavy water reactor，HWR）核电站。这些核电站所用的蒸汽参数一般差别不大，堆芯出口处冷却剂温度在300℃左右（见表4-3），热效率相对来说也是较低的（30%左右）。

虽然一克^{235}U在反应堆中反应所产生的能量要比烧一吨煤所产生的能量还要多，但自然界中^{235}U的储量也是有限的，^{235}U在天然铀中只占0.71%，其余都是^{238}U。出现核原料不敷使用的现象是迟早的事情，缓解这一问题的途径有两个，一是设法提高核电站的热效率；二是开发可以用^{238}U为燃料的快中子增殖堆。这两者均是我国863计划中致力发展的高技术内容。

（1）高温气冷堆（high temperature gas cooled reactor，HTGR）

气冷堆的一个优点是气体冷却剂可以被加热到较高的温度。气体的出口温度增高，则电站的热效率也相应提高，因此气冷堆是提高核电站的热效率的重要途径之一。较早的气冷堆设计采用二氧化碳作为气体冷却剂，但在高温下二氧化碳易与不锈钢发生化学作用。因此要继续向高温挺进，必须换用更为稳定的冷却剂，不与其它元素发生化学反应的惰性气体——氦气成为了首选的冷却剂。高温气冷堆以石墨为慢化剂，核燃料采用一种全陶瓷型的热解碳涂敷颗粒。将涂敷颗粒分散在石墨基体中，压制成燃料密实体，再将密实体装入由石墨制成的柱状（或球状）外壳之中，就成为燃料元件。

采用球状的燃料元件的反应堆又称作球床反应堆，在反应堆中的堆放方式和家用煤球炉颇有相似之处。不过球床反应堆燃烧时不需要空气，氦气作为冷却剂从反应堆的上部引入，通过球床吸收热量后，从底部引出，与煤球炉中气流的方向恰恰相反。高温气冷堆出口的氦气，温度可高达950～1100℃。用来发电的话，可使电站的热效率提高到40%以上。除此以外，它还可以进行高温供热，用来冶炼钢铁，精炼石油，生产氨和甲醇，进行煤的气化，以及用热化学裂解水的方法生产干净的二次能源——氢，这也是第四代反应堆中，超高温反应堆（VHTR）所致力实现的功能，如图4-7所示。这种高温功能是任何其它类型反应堆所莫及的。

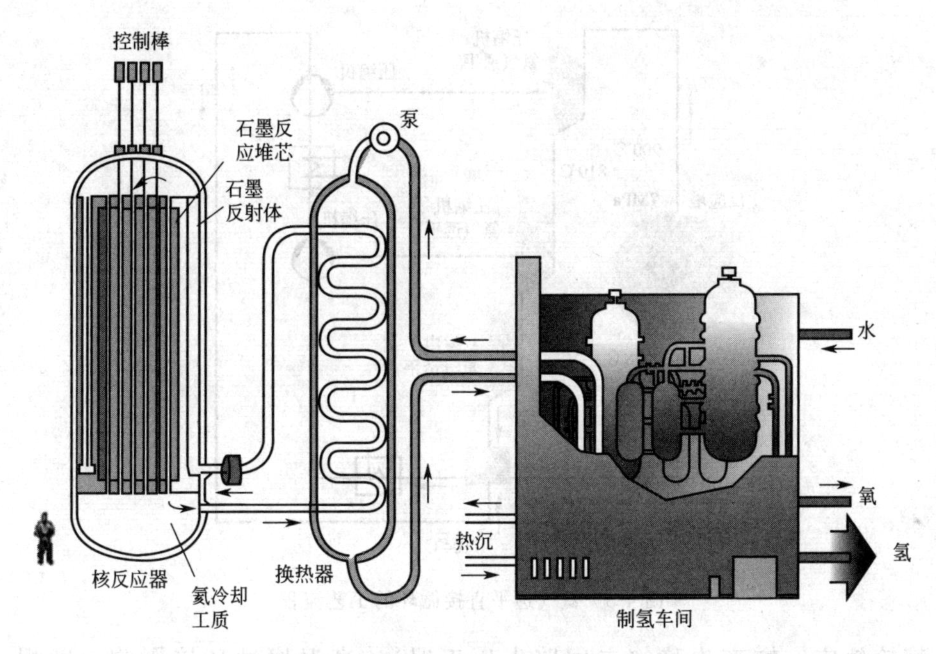

图 4-7 超高温反应堆（VHTR）示意图

如果能采用氦气直接推动透平机发电，则转换效率可望进一步得以提高[2]，图 4-8 所示为氦气透平直接循环的工艺流程。由一回路出口的高温氦气冷却剂直接驱动氦气透平发电，反应堆压力为 7MPa，氦气出口温度为 900℃，高温氦气首先驱动高压氦气透平，带动同轴的压缩机，再驱动低压氦气透平，带动另一台同轴的压缩机，最后驱动主氦气透平，输出电力。经过整个循环，氦气的压力将降到 2.9MPa，温度降为 571℃。为了将氦气加压到反应堆一回路的入口压力，需先经过回热器和预热器冷却后，再经两级压缩机后升压到 7MPa，而后回到加热器的另一侧加热到 558℃，回到堆芯的入口。该循环方式发电效率可达到 47%。

目前的氦气透平技术主要基于现在的重工业燃气透平技术和航空发动机技术。如何研制与反应堆耦合匹配的氦气透平技术、高效（98%）的板翅式回热器技术以及高温下结构设计与寿命预测等均是今后必须解决的技术难题。

为了确保高温气冷堆电站的安全性，在设计中必须考虑各种失效模式，如蠕变与蠕变破裂、高周与低周疲劳、长时老化对性能影响、蠕变

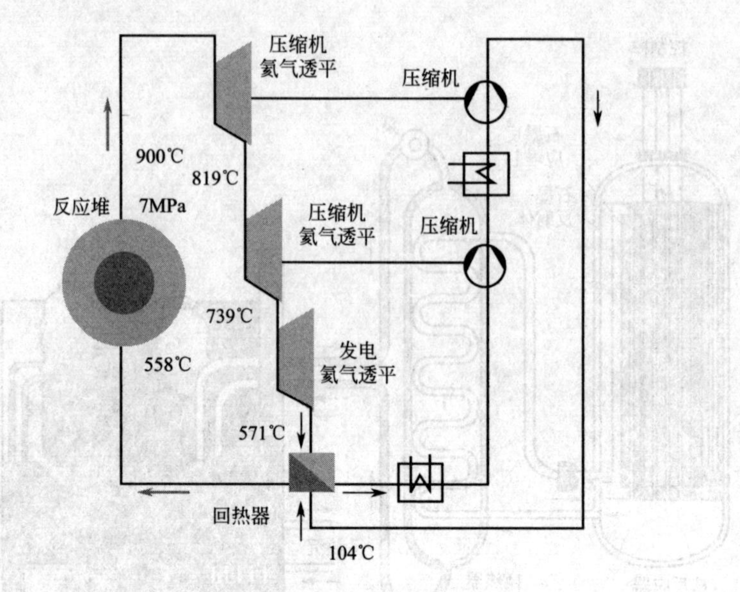

图 4-8 氦气透平直接循环的工艺流程

棘轮效应、蠕变失稳（二回路失压工况）、高温腐蚀环境影响、磨损(由于转动部件在充满氦气环境下工作，金属表面不能生成氧化膜保护层，因此转动很容易发生磨损)。很多场合必须使用高性能抗蠕变材料，如换热元件的寿命主要地取决于蠕变强度，德国原子能研究所(KFA)经过大量材料的试验，选定 NiCr22Fe18Mo（Hastelloy X)，X10NiCrAlTi32 20（Inconel 800H)。

(2) 快中子增殖堆（fast breeder reactor，FBR)

发展液态金属冷却的快中子增殖堆，可大大提高核燃料利用率。在快中子增殖堆中，可利用^{235}U 裂变时的快中子轰击^{238}U，得到可裂变的另一种核燃料^{239}Pu（钚)。同样可以把天然^{239}Th（钍）转换成可裂变的^{233}U。这样的转换，虽然要消耗一定的核燃料，但会得到更多的核燃料，这就是所谓的核燃料的增殖。

快中子增殖堆不用慢化剂，冷却剂采用不吸收中子的液态钠。钠的熔点为 97.8℃，沸点为 895℃。因此，可把冷却剂加热到500℃以上，而不要求回路承受明显的压力。在这样高的温度下，可生产高温高压的蒸汽，使整个核电站的热效率提高到 40%。快堆的燃料可以循环使用，其核燃料生产过程中的运输量（包括矿石）不到压水堆的 1%。快堆因而具有现实（生产电力）和未来（生产裂变燃料）的双重优点，热能利用效率较高，余热少，废物、废液、废气的生成量比相同发电量的压水堆少得多，是一种极有前途的堆型。

快堆电站的工作原理如图4-9所示。堆内产生的热量由液态钠载出，送给中间热交换器。在中间热交换器中，一回路钠把热量传给中间回路钠，中间回路钠进入蒸汽发生器，将蒸汽发生器中的水变成蒸汽。蒸汽驱动汽轮发电机组。中间回路把一回路和二回路分开。这是为了防止由于钠水剧烈反应使水从蒸汽发生器漏入堆芯，与堆芯钠起剧烈的化学反应，直接危及反应堆，造成反应堆破坏事故。同时，也是为了避免发生事故时，堆内受高通量快中子辐照的放射性很强的钠扩散到外部。堆芯的钠入口温度范围为400～450℃，出口温度范围为550～600℃。池式堆（pool type）将堆芯和中间换热器都放在钠池中。而管路式（loop type）结构则只将堆芯放在一个小容器里，中间热交换器则放在“池”外。池式堆有结构简单，冷却剂压降小等优点，但造价较高，不便检修，用钠多；而管式堆则造价相对较低，制造和检修质量易保证，但热应力与蠕

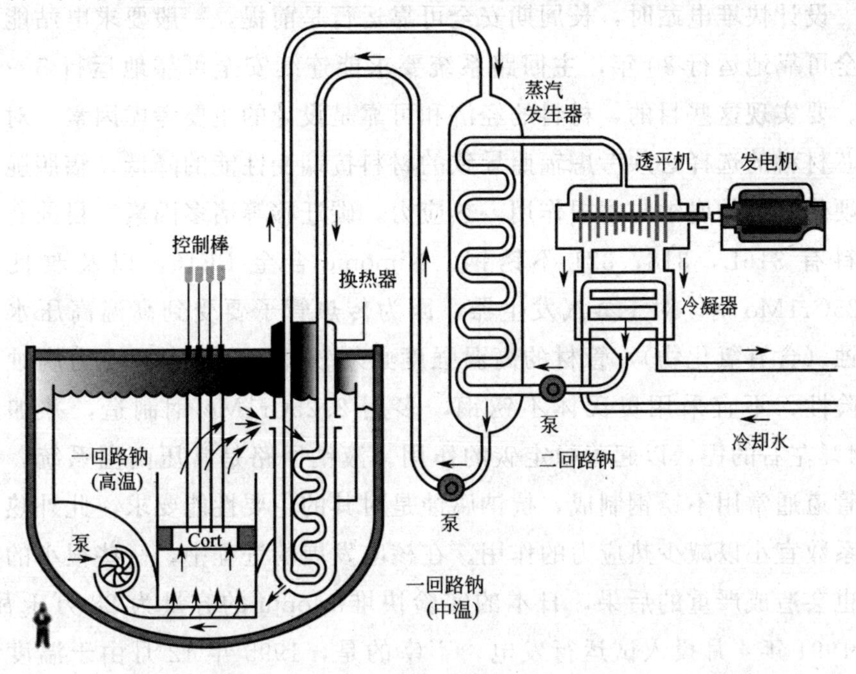

图4-9 池式快堆电站工作原理示意图

变的作用是主要限制因素。一般认为池式结构比回路式结构的安全性好，法国的凤凰（Phoenix）堆采用的是池式结构，而日本文殊（Monju）的示范快堆则采用管路式结构（图 4-10）。

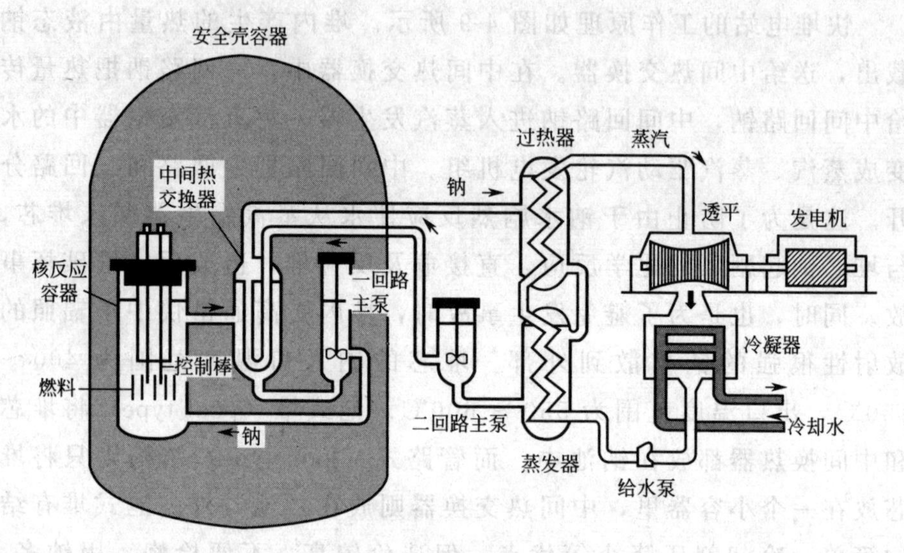

图 4-10　管路式快堆电站工作原理示意图

设计快堆电站时，长周期安全可靠运行是前提，一般要求电站能够安全可靠地运行 30 年，主回路系统要求能连续安全可靠地运行 5～10 年。要实现这些目的，材料的经济和可靠是设计的主要考虑因素。对于堆芯材料的选择必须考虑辐照导致的材料抗蠕变性能的降低，辐照脆化和硬化，钠的腐蚀与磨损作用，热应力，碳迁移等诸多因素。目前备选材料有 316L，318，321 不锈钢，Nimonic 合金 PE16，以及改良的 2.25Cr1Mo 钢。对于蒸汽发生器，因为传热管子要受到高温高压水的腐蚀（含有氯化物），管材的高温强度必须较高。由于存在应力腐蚀的危险性，不宜采用奥氏体不锈钢，多用 2.25Cr1Mo 钢制造，并加入 0.4%左右的铌，以起着稳定碳的作用。液钠回路是常压高温系统，回路管道通常用不锈钢制成，抗钠腐蚀是对其的主要性能要求，此外热膨胀系数宜小以减少热应力的作用。在核电发展的进程中，一些很小的事故也会造成严重的后果，日本的实验快堆 Monju 的容量为 28 万千瓦，于 1991 年 4 月投入试运行发电，不幸的是，1995 年 12 月由于温度计套管在流体诱导振动下发生破裂，继而发生液钠泄漏，导致大火，不得不关闭核反应堆，这一事故影响了快堆发展的进程。

在安全可靠的前提下降低发电成本是主要目的，快堆由于安全可靠性要求高，因此造价也就高。法国120万千瓦的超凤凰快堆每千瓦的基建投资，是最先进的145万千瓦的压水堆的3倍多，运行费与核燃料费也比压水堆略高。所以超凤凰的发电成本是压水堆的2.5倍。法国、英国、德国合作设计了150万千瓦的欧洲快堆的功率比超凤凰快堆的功率加大了，不锈钢等材料的用量大大减少，一些设备也简化了。因此欧洲快堆每千瓦的单位投资，只是法国最先进的压水堆的2倍，运行费也有所降低，燃料费则比压水堆少，因此总的发电成本是压水堆的1.45倍。今后，由于欧洲快堆的成批建造，每千瓦的基建投资估计只是压水堆的1.26倍，核燃料费大约是压水堆的一半，因而总的发电成本只比压水堆贵3%。

我国在20世纪60年代就开展对快堆的研究。1987年以来，快堆研究又纳入了高技术研究发展计划，经过广大科技工作者的努力，已在快堆设计、钠工艺技术、燃料材料和快堆安全等方面取得突破性进展。

为了便于比较，我们将各种核反应堆的特性列于表4-3中[3]。

表4-3 常见核反应堆特性的比较

参数	压水堆(PWR)	沸水堆(BWR)	重水堆(HWR, CANDU)	高温气冷堆(HTGR)	快中子增殖堆(FBR)
电功率	1100MW	1100MW	1100MW	1100MW	1500MW
冷却剂	普通水	普通水	重水	氦气	钠
慢化剂	普通水	普通水	重水	石墨	无
使用期间所需铀相对量(天然 U_3O_8)	1	0.98	1.015	0.73	1/70～1/140
热效率/%	32	33	28	39	39.5
堆芯类型	燃料棒组件	燃料棒组件	燃料棒组件(装在单独的压力管中)	燃料颗粒(散布在石墨块中)	燃料棒组件
冷却剂压力/MPa	15.5	6.9	10.1	4.76	常压
堆芯出口处冷却剂温度/℃	327	285	310	743	538

4.3 生物质发电过程与装备

生物质能（biomass energy）一直是人类赖以生存的重要能源，它是仅次于煤炭、石油和天然气而居于世界能源消费总量第四位的能源，是未来可持续能源系统的重要组成部分。生物质中的碳来自空气中流动的 CO_2，它是植物的光合作用和燃烧反应的可逆循环利用过程。

$$6CO_2+6H_2O \xrightarrow[\text{太阳能}]{\text{叶绿素}} C_6H_{12}O_6+6O_2\uparrow$$

$$\text{或}\quad CO_2+H_2O \xrightarrow[\text{太阳能}]{\text{叶绿素}} CH_2O+O_2\uparrow$$

$$(CH_2O) \xrightarrow{\text{燃烧}} CO_2+\text{热能}$$

如果以上两个反应速度有合适的匹配，CO_2 甚至可以达到平衡，因此，整个生物质能循环就不会引起全球变暖。矿物能源除了储量有限，还引起许多环境问题，如全球气温变暖、损害臭氧层、破坏生态圈碳平衡、释放有害物质和引起酸雨等正日益危害着人类的生存。相比之下，生物质能具有可再生性、分布广泛和环境友好等优点。为此许多国家都制定了相应的开发研究计划[4]。据初步估算，我国近期每年可以利用的生物质能源总量约为 5 亿吨标准煤，作为一个人口大国，又是一个经济迅速发展的国家，21 世纪将面临经济增长和环境保护的双重压力。因此尽快改变能源生产和消费方式，开发利用生物质能等可再生的清洁能源势在必行。

生物质气化是有效利用生物质的一种方式，对分散的生物质来说，比直接燃烧效率高，而且污染物排放少，气化过程产生的可燃气既可作为锅炉燃气、生活煤气，也可和内燃机相连，产生电力。生物质快速热解液化技术可以把生物质液化制成生物油，也是很有发展前景的技术途径。其最大的优点就在于产品油的易存储和易输运，不存在产品的就地消费问题，因而得到了国内外的广泛关注。

（1）生物质气化过程

在生物质气化过程中，水蒸气、游离氧或结合氧与燃料中的碳进行热化学反应，生成可燃气体。生物质气化过程复杂，气化反应条件，气化剂的种类也各不相同，但是所有气化反应的过程基本都包括生物质的干燥、热解、还原和氧化反应过程。

生物质气化按气化介质分类，可分为使用气化介质和不使用气化介质两种。使用气化介质则分为空气气化、氧气气化、水蒸气气化、氧气-水蒸气混合气化和氢气气化等，不使用气化介质主要是指热解气化，如图 4-11 所示。

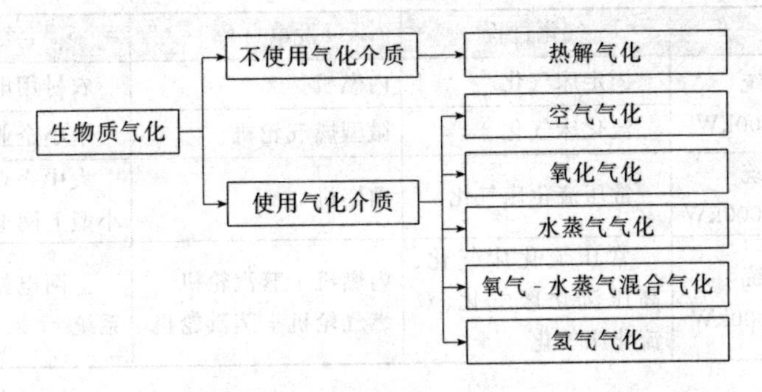

图 4-11 生物质气化分类

(2) 生物质气化发电工艺

生物质气化发电是把生物质转化为可燃气，再利用可燃气燃烧发电。生物质气化发电工艺主要包括三部分，ⓘ为生物质气化，把固体生物质转化为气体燃料；ⓘⓘ将燃料气体净化，将燃气中的杂质脱除出去，以保证燃气发电设备的正常运行；ⓘⓘⓘ燃气发电，利用燃气轮机或燃气内燃机进行发电，有的工艺为了提高能源利用率，燃气轮机发电之后增加余热锅炉和蒸汽轮机提高能源利用率。典型的生物质气化发电工艺如图 4-12 所示。

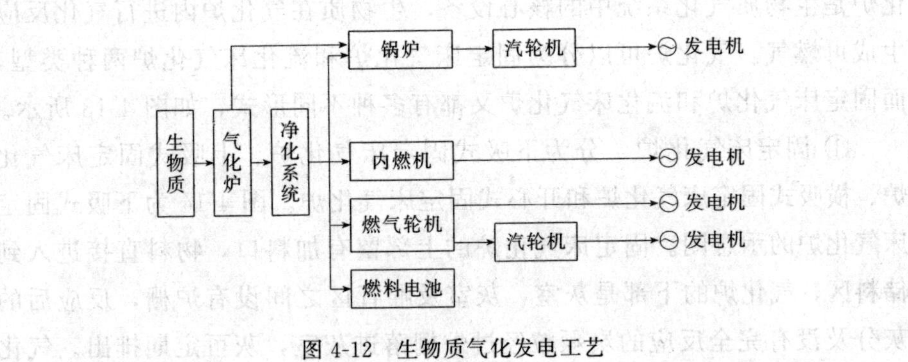

图 4-12 生物质气化发电工艺

由于生物质气化发电系统采用的气化技术和燃气发电技术不同，其系统构成和工艺过程有很大的差别。按气化形式不同，生物质气化过程可以分为固定床和流化床气化两大类；按发电设备不同的分类，气化发电可分为内燃机发电系统、燃气轮机发电系统及燃气-蒸汽联合循环发电系统；从规模上看，生物质气化发电系统可分为大型、中型和小型三种。表 4-4 表示了各种生物质气化发电技术的特点。

表 4-4 各种生物质气化发电技术的特点[5]

规模	气化过程	发电过程	主要用途
小型系统 功率小于 200kW	固定床气化	内燃机	农村用电
	流化床气化	微型燃气轮机	中小企业用电
中型系统 功率 500～3000kW	常压流化床气化	内燃机	大中企业自备电站、小型上网电站
大型系统 功率大于 5000kW	常压流化床气化、高压流化床气化、双流化床气化	内燃机＋蒸汽轮机 燃气轮机＋蒸汽轮机	上网电站、独立能源系统

生物质高温气化技术的关键是高温空气的廉价生成，新型高温低氧空气完全燃烧技术的出现及陶瓷材料领域的科技进步促进了热回收技术的发展。经济紧凑、高效回收烟气余热的蜂窝式陶瓷蓄热体在日本的成功开发，大幅降低了高温空气的生产成本，使得以高温空气为核心的高温空气气化技术得到了广泛应用。采用热惰性小的蜂窝式陶瓷蓄热体，并用同炉烟气显热预热空气，空气预热后温度可达 1000℃以上，只比炉温低 50～100℃，最大限度地实现了烟气余热回收[6]。

(3) 气化反应器

将固体生物质燃料转为气化气所用的设备称为气化器或气化炉。气化炉是生物质气化系统中的核心设备，生物质在气化炉内进行气化反应生成可燃气。气化炉可以分为固定床气化炉和流化床气化炉两种类型，而固定床气化炉和流化床气化炉又都有多种不同形式，如图 4-13 所示。

① 固定床气化炉　分为下吸式固定床气化炉、上吸式固定床气化炉、横吸式固定床气化炉和开心式固定床气化炉。图 4-14 为下吸式固定床气化炉的示意图。固定床气化炉的上部留有加料口，物料直接进入到储料区，气化炉的下部是灰室，灰室及喉管区之间设有炉栅，反应后的灰分及没有完全反应的炭颗粒经过炉栅落进灰室，灰可定期排出。气化

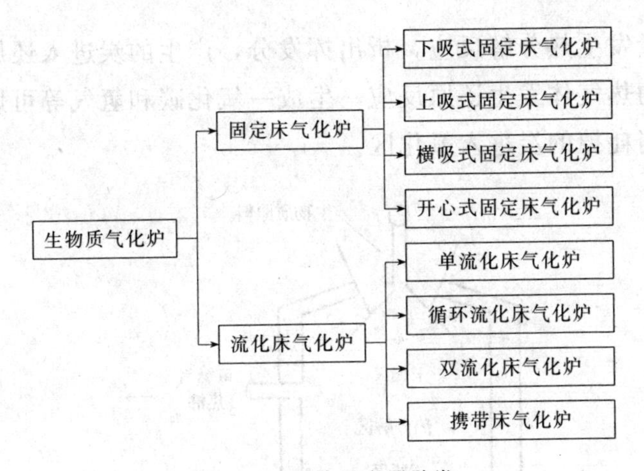

图 4-13 气化反应器种类

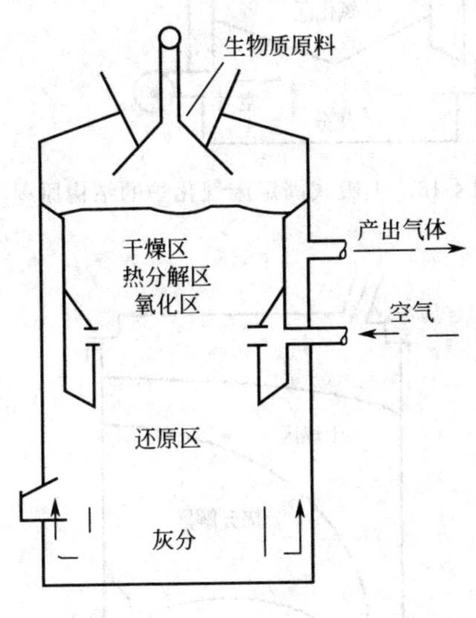

图 4-14 下吸式固定床气化炉结构简图

过程中气化剂的供给是靠系统后端的容积式风机或发电机的抽力实现的，大多数下吸式固定床气化炉都在微负压的条件下运行，进风量可以调节。

上吸式固定床气化炉的结构示意图如 4-15 所示。生物质由顶部加入气化炉，靠重力的作用向下运动。炉栅支撑着燃料，燃烧后的灰分和渣通过炉栅落入灰室。气化剂由炉底部经过炉栅进入气化炉，产出的燃气通过气化炉的各个反应区，从气化炉上部排出。在上吸式固定床气化炉中，气流是向上流动的，方向和物料的运动方向刚好相反，生物质在向下移动的过程中被气流干燥脱去水分。在热分解区，干燥的物料得到更多的热量发生热分解反应，析出挥发分，产生的炭进入还原区，与氧化区产生的热气体发生还原反应，生成一氧化碳和氢气等可燃气体，反应中没有消耗掉的炭进入氧化区。

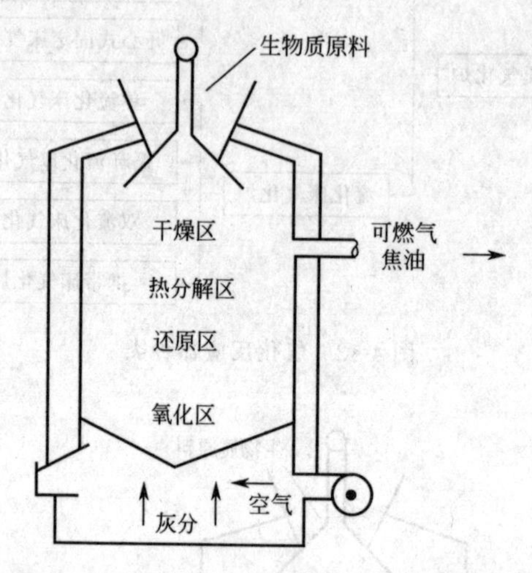

图 4-15 上吸式固定床气化炉的结构原理图

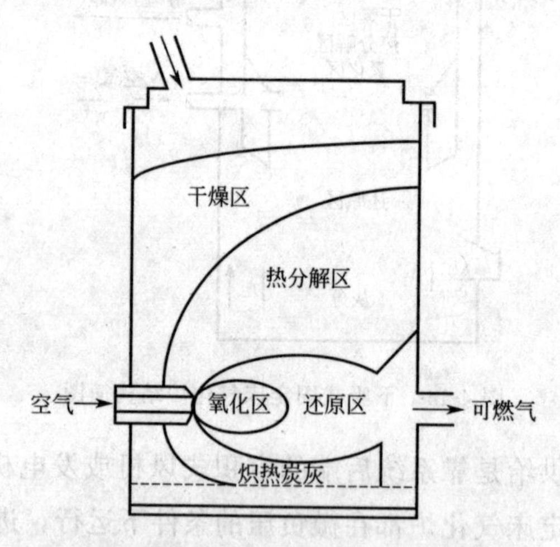

图 4-16 横吸式固定床气化炉的结构原理图

横吸式固定床气化炉也称为平吸式固定床气化器，图 4-16 为横吸式固定床气化炉的结构原理图。生物质原料从气化炉顶部加入，灰分落入下部的灰室。横吸式固定床气化炉的不同之处在于它的气化剂由气化炉的侧向提供，产出气体从对侧流出，气流横向通过氧化区，在氧化区及还原区进行热化学反应，反应温度很高，容易使灰熔化，造成结渣。

所以这种气化炉一般用于灰含量很低的物料，如木炭和焦炭等。

开心式固定床气化炉结构的气化原理与下吸式固定床气化炉相类似，是下吸式固定床气化炉的一种特别形式。它以转动炉栅代替了高温喉管区，主要反应在炉栅的上部的气化区进行，该炉结构简单，氧化还原区小，反应温度较低。图4-17为开心式固定床气化炉的结构原理图。

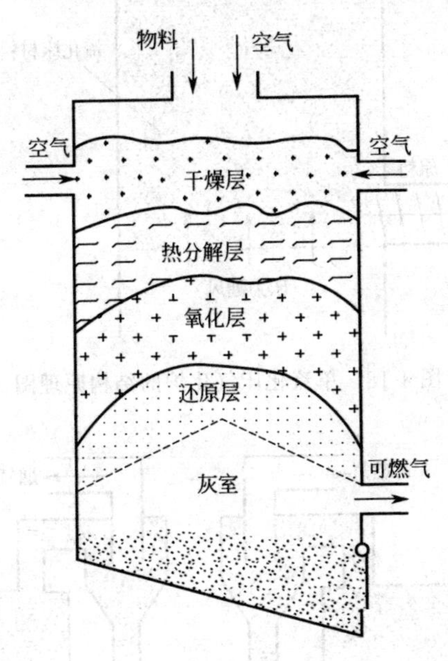

图4-17 开心式固定床气化炉结构原理图

② 流化床气化炉 生物质流化床气化的研究比固定床晚许多。流化床气化炉有一个热砂床，生物质的燃烧和气化反应都在热砂床上进行。在吹入的气化剂作用下，物料颗粒、流化介质（砂子）和气化介质充分接触，受热均匀，在炉内呈“沸腾”状态，气化反应速度快，产气率高，是唯一在恒温床上反应的气化炉。流化床气化炉可分为单流化床气化炉、双流化床气化炉及循环流化床气化炉等。图4-18、图4-19和图4-20分别表示了单流化床气化炉、双流化床气化炉和循环流化床气化炉的结构原理图[7]。

先进的流化床锅炉技术独有的流态化燃烧方式，使它具有一些传统锅炉所不具备的优点，可以燃用常规燃烧方式难以使用的生物质材料，目前循环流化床锅炉的能力已达250MW，发达国家近年来着力开发使生物质气化驱动燃机并结合循环流化床的联合循环技术，瑞典在1993

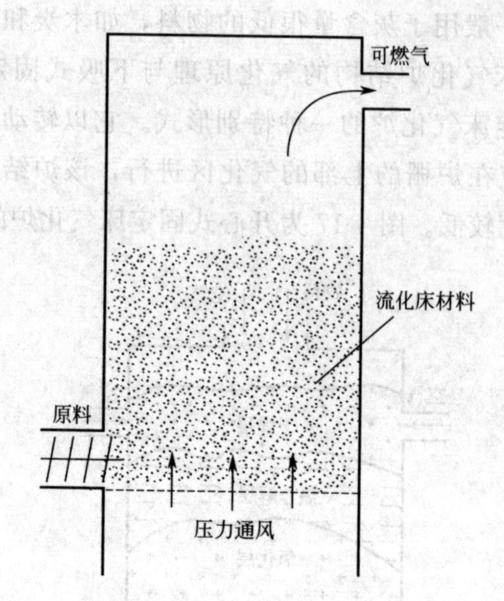

图 4-18 单流化床气化炉的结构原理图

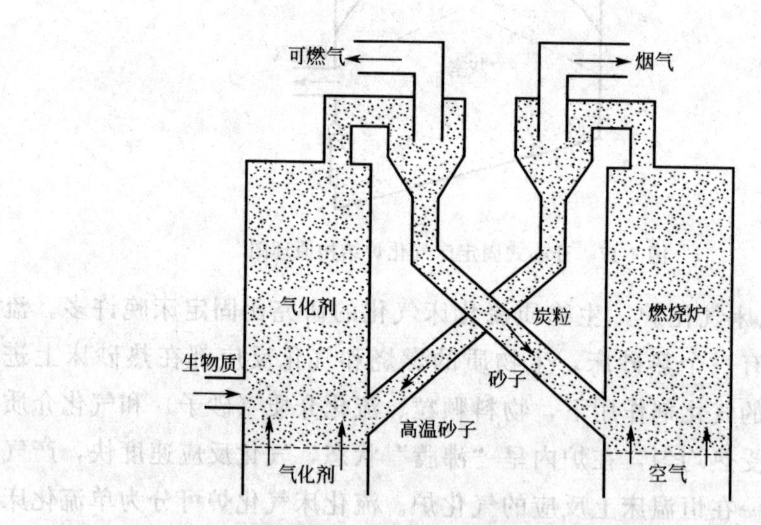

图 4-19 双流化床气化炉的结构原理图

年便建立了利用加压循环流化床气化技术的发电厂[8]。

(4) 生物质燃气净化

生物质燃气含有各种各样的杂质，其主要成分列在表 4-5 中。各种杂质的含量与原料特性、气化炉的形式有很大关系。燃气净化的目标就是要根据气化工艺的特点，设计合理有效的杂质去除工艺，保证后部气化发电设备不会因杂质的存在而导致磨损腐蚀和污染等问题。

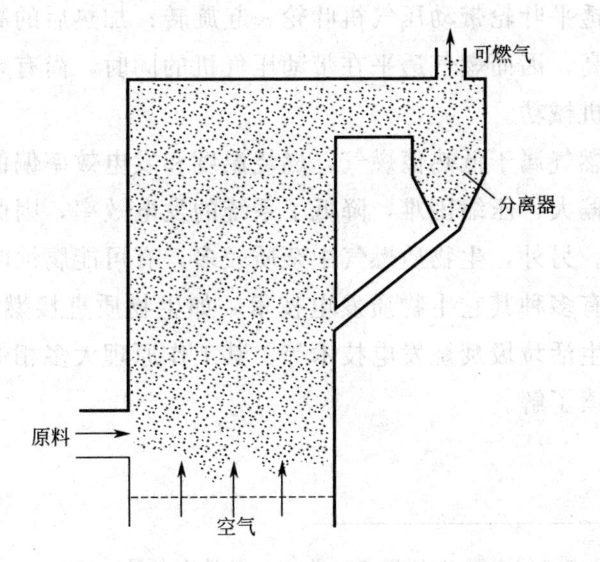

图 4-20 循环流化床气化炉的结构原理图

表 4-5 燃气中各种杂质的特性

杂质种类	典型成分	可能引起的问题	净化办法
颗粒	灰、焦炭、热质、颗粒	磨损、堵塞	气固分离、过滤、水洗
碱金属	钠、钾等化合物	高温腐蚀	冷凝、吸附、过滤
氮化物	主要是氮和 HCN	形成 NO_2	水洗、SCR 等
焦油	各种芳香烃等	堵塞、难以燃烧	裂解、除焦、水洗
硫、氯	HCl、H_2S	腐蚀污染	水洗、化学反应法

(5) 燃气发电系统

燃气发电系统通常存在内燃机发电系统、燃气轮机发电系统、整体气化联合循环和整体气化热空气循环等几种。生物质整体气化联合循环发电系统主要包括生物质原料处理系统、加料系统、流化床气化系统、燃气净化系统、燃气轮机、余热锅炉和蒸汽轮机等部分。本节重点介绍燃气轮机发电系统。

燃气轮机是以连续流动的气体作为工质驱动叶轮高速旋转，将燃料的能量转化为有用功的热力发动机。燃气轮机的工作原理是，压气机连续不断地从大气中吸入空气并将其压缩；压缩后的空气进入燃料室，与喷入的燃料混合后进行燃烧，称为高温燃气，随即流入燃气透平中膨胀做功，推动透平叶轮带动压气机叶轮一起旋转；加热后的高温燃气做功能力显著提高，因而燃气透平在带动压气机的同时，尚有余量作为燃气轮机的输出机械功。

生物质燃气属于低热值燃气，燃烧温度和发电效率偏低，而且由于燃气的体积偏大，压缩困难，降低了系统的发电效率，因此需要采用燃气增压技术。另外，生物质燃气中杂质较多，有可能腐蚀叶轮。

目前还有多种其它生物质发电技术，如生物质直接燃烧发电技术，沼气发电、生活垃圾焚烧发电技术等，其工作原理大多相似，留待同学们进一步阅读了解。

参考文献

[1] 涂善东. 高温结构完整性原理. 北京：科学出版社，2003.

[2] Zgliczynski J B, Silay F A, Neylan A J. The Gas Turbine Modular Helium Reactor (GTMHR), High Efficiency, Cost Competitive. Nuclear Energy for the Next Century. GAA21619, International Topic Meeting on Advanced Reactor Safety, April 17-21, 1994.

[3] Anthony V N Jr. A Guide Book to Nuclear Reactor，核反应堆入门. 张士贯，杨宇译. 北京：原子能出版社，1984.

[4] NATIONAL ENERGY POLICY. Chapter 6: Nature's Power: Increasing America's Use of Renewable and Alternative Energy. Report of the National Energy Policy Development Group, May 2001.

[5] 杨勇平，董长青，张俊姣编著. 生物质发电技术. 北京：中国水利水电出版社，2007.

[6] Yoshikawa K. Present status and future plan of CREST MEET project. Int Symp On High Temperature Air Combustion and Gasification, Jan 1999. 20-22.

[7] 马隆龙，吴创之，孙立编著. 生物质气化技术及其应用. 北京：化学工业出版社，2003.

[8] Yan J, Alvfors P, Eidensten L, and Svedberg G. A Future for Biomass (Future Biomass Based Power Generation). Mechanical Engineering, October 1997. 119 (10): 94-96.

第5章 过程装备与控制工程教育

5.1 本科教育与教学

5.1.1 综合化的工程教育模式

过程装备与控制工程专业是一个由机械、化学、材料、能源、电子、控制、信息等多个大类学科交叉融合而成的综合型专业，具有多学科综合、集成、渗透和互为依托的特色。过程装备与控制工程专业的毕业生应具备过程装备与控制的基础知识及应用能力，具有在产业、科技、政府及相关行业部门与机构中担任重要职务的基本素质，能在化工、石油、能源、医药、冶金、轻工、环保、食品、制冷、机械及设备检验、劳动安全等领域从事过程装备相关的设计制造、技术开发、科学研究及经营管理等方面的工作。过程装备与控制工程的教育模式遵循全面工程教育理念，在强化专门知识和专业技能传授与培养的同时，注重学生对全面工程领域的认知，并以“全人教育”为目的，全面提升学生的社会适应力和个人素质[1]。为此在人才培养过程中应综合工程和人文、技术和商贸等，培养学生用全面视角观察世界，用多学科方法解决实际问题。图 5-1 为现代过程装备与控制工程教育所应涵盖的范围，工程知识的传授将涉及过程原理、机械、控制、材料等诸方面内容，工程能力涉及实习、设计、科研等，工程系统包括社会、人文、人-机系统和工程系统（装置）自身，工程经济涉及技术经济、经营管理等内容，

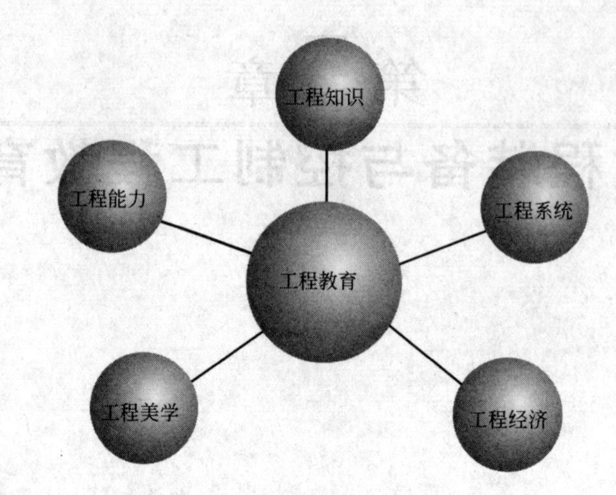

图 5-1 综合化工程教育模式

工程美学则包括工程造型、工程审美、艺术教育等。

按照我国机械类专业工程教育专业认证标准[2]，相关专业的毕业生应具备的知识和能力的基本要求见表 5-1。

表 5-1 机械类专业工程教育专业认证对学生知识与能力的要求

知识要求	具有数学、自然科学和机械工程科学知识
能力要求	(1)具有数学、自然科学和机械工程科学知识的应用能力 (2)具有制订实验方案、进行实验、分析和解释数据的能力 (3)具有社会责任和对职业道德的认识 (4)具有在多学科团队中发挥作用的能力和较强的人际交流能力
工程要求	(1)具有设计机械系统、部件和过程的能力 (2)具有对于机械工程问题进行系统表达、建立模型、分析求解和论证的能力 (3)具有在机械工程实践中初步掌握并使用各种技术、技能和现代化工程工具的能力
其它要求	(1)知识面宽广，并具有对现代社会问题的知识，进而足以认识机械工程对于世界和社会影响的能力 (2)具有终生教育的意识和继续学习的能力

上述要求只是机械类专业的基本要求，对于具有鲜明多学科和交叉学科特色的过程装备与控制工程专业，应更加强学生综合与集成能力的培养。为此，要求学生在技术上掌握工艺、设备与控制等多方面的综合知识，在社会能力上，能够认识到综合考虑科学、技术、艺术与社会伦

理价值等因素的重要性，能够关心国家大事、正确影响社会的发展。同时具有较强的创新能力、较宽的国际视野与持久的竞争能力。

过程装备与控制工程本科专业的学制一般为 4 年，实行学分制的学校可以设为 3～6 年。授予工学学士学位。

在综合化工程教育的模式中，过程装备与控制工程专业在不同的高校中可以有不同的人才培养方案。培养规格可以分为研究主导型或应用技术主导型，其中研究主导型所在学校一般设有研究生院，并具有“化工过程机械”学科博士学位授权点或“动力工程及工程热物理”一级学科博士学位授权点。

研究主导型的培养方案，一般较重视学科基础的教育、基础理论课程和学科交叉的课程模块的建构，以及通识课程的教育，力图实现学生的知识体系精深、广博与学科交叉的协调统一，本科生与研究生课程学习的有机统一和衔接；以培养基础知识宽厚、创新意识强、具有较好的自学、自主研究能力和实践能力的人才。

应用技术主导型的培养方案，一般以鲜明的行业特色或与地方经济实际需要为背景，按通识教育与专业技术教育相结合，重在专业教育，同时也为终生学习打基础的理念设计课程体系。这一类型的大多数本科毕业生将直接进入社会并能很好地适应社会的要求。

5.1.2 知识、能力、素质协调发展

知识是载体，是基础；能力是展现，是升华；素质是核心，是智慧的结晶。按照知识、能力、素质协调发展的要求，将传授知识、培养能力、提高素质融为一体，贯彻到整个教学过程中去。

过程装备与控制工程专业人才的知识结构应包括工程技术知识和专业知识、人文科学知识、自然科学知识、工具性知识、方法知识、经济管理知识等。

基础的人文科学知识、基础的自然科学知识和基础工程知识和专业基础知识等是知识结构的根基。专业基础知识包括本专业所需掌握的基本理论、基本技能和基本方法等。专业知识是知识结构的核心，它包括学科概念体系、研究方法、研究工具及学科的历史演变、现状和发展前景等。工具知识和方法知识是知识结构的关键。工具知识包括汉语言文

学知识、外语知识和计算机网络知识等。方法知识则包括如何科学用脑用时，如何进行文献检索，如何搜集加工材料信息等相关知识，也包括现代科学的方法如控制论、信息论、系统论等。根据总体培养目标，我国大多高校确定“过程、装备、控制一体两翼”为该专业的核心技术知识体系，即以装备为主体，以过程、控制为两翼（如图 5-2)。

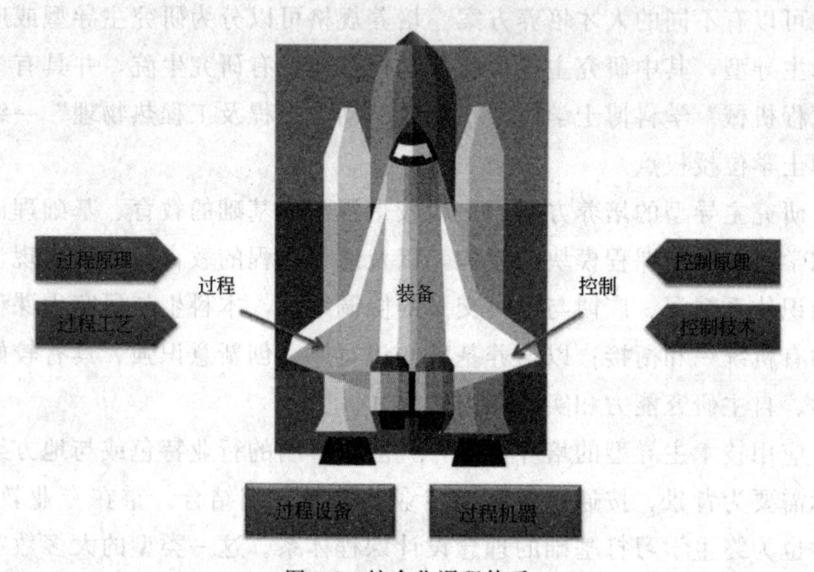

图 5-2 综合化课程体系

按照机械类专业工程教育专业认证的标准，过程装备与控制工程专业学生必须经过如下课程和实践教学环节。

(1) 数学与自然科学类课程（至少 28 学分)

数学类包括线性代数、微积分、微分方程、概率和数理统计、计算方法等不同课程。

自然科学类的科目应包括物理和化学，也可考虑生命科学基础等。

两者总计最少为 28 学分（450 学时，其中每类应不少于 200 学时)。

(2) 工程基础类课程（至少 22 学分)

工程基础类综合了数学、基础科学、工程科学、零部件与系统。

过程装备与控制工程专业应包含：过程（化工）原理、机械设计基础、过程设备设计、过程流体机械、过程装备控制技术与应用等相关科目与实践性教学环节。

工程设计与实践是一种具有创造性、重复性并通常无止境的过程，它要受到标准或立法的约束，并不同程度取决于规范。这些约束可能涉及经济、健康、安全、环境、社会或其它相关跨学科的因素。

(3) 学科专业基础类课程（至少22学分）

学科专业基础类的科目以数学和基础科学为基础，但是它本身则更多地传授创造性应用方面的知识。一般应包括数学或数值技术、模拟、仿真和试验方法的应用。侧重于发现并解决实际的工程问题。这些科目包括理论力学、材料力学、流体力学、传热学、热力学、电工电子学、控制理论和材料科学基础及其它相关学科的科目。

工程基础类、学科专业基础类两者总计最少62.5学分（1000学时，其中每类应不少于350学时）。

(4) 选修类课程（至少25学分）

哲学、政治经济学、法律、社会学、环境、历史、文学艺术、人类学、外语、管理学、工程经济学和情报交流等。

选修类课程不少于400学时。

(5) 实践环节（至少15学分）

学校应具有满足机械工程教学需要的实践教学体系，主要包括课程实验、课程设计、金工实习、电工实习、认识实习及生产实习；还可采取科技创新、社会实践等多种形式促进学生的实践活动；可安排学生到各类工程单位去实习或工作，以取得工程经验，使学生了解专业工程师的作用和职责、工程师注册等实际问题。

① 课程实验　包括机械基础实验和专业实验两部分。机械基础实验主要包括机构与机械零部件实验；专业实验含机械系统（装置）的检测、控制、自动化过程、机械制造（装备、工艺过程、刀具）、流体传动实验等。

应当尽可能采用计算机技术，如用计算机采集和处理数据以及控制操作参数等。

② 课程设计　包括机械基础设计和专业设计两部分。机械基础设计主要包括机构设计、结构设计。专业设计包含过程装备设计、系统检测与控制等。通过课程设计，对学生进行现代设计理论和设计方法的教育，使学生了解设计的基本内容、设计程序和方法，提高学生工程设计

能力，培养学生树立经济、安全、环境保护与可持续发展等观点和创新意识，培养学生利用计算机辅助设计（CAD）等手段进行设计的能力，从而培养学生综合应用各方面的知识与技能解决工程问题的能力。

③ 认识及生产实习　除进行常规实习、参加生产实践外，还应当建立相对稳定的实习基地，密切产学研合作。

④ 科技创新活动　科技创新活动是指学生利用课余时间从事的科学研究、开发或设计工作，应充分利用各种教学、科研资源，鼓励学生科技立项，参加各类科技竞赛，使学生受到科学研究和科技开发方法的基本训练，培养他们的创新思维、创新方法、创新能力及表达能力和团队精神。

⑤ 社会实践　包括公益劳动、社会调查、市场调查等内容以及各种形式的学生第二课堂，注意培养学生的团队精神和组织与管理能力。

（6）毕业设计或毕业论文（至少 14 学分）

① 选题　选题原则按照通用标准执行，选择的题目应为尽可能紧密结合本专业的工程实际问题。

② 设计过程　学生根据所选课题查阅资料（文献、专利、手册、规范、标准等），进行国内外同类技术的对比分析，制订设计方案，完成实验、制作、计算、仿真、设计绘图以及实验数据的处理；撰写论文；结题答辩等。

③ 教师指导　指导教师具有工程设计的实际经验，定期对学生进行毕业设计或毕业论文的指导。

过程装备与控制工程专业一直注重其工程学科的本质，强调理论联系实际。

如要了解和掌握过程装备的设计、制造、控制、使用、安全维护等方面的知识，首先要了解它们的工作原理、热力学特性、能量的转换、流体的特性及其运动规律等，必须掌握过程工艺方面的知识，为此大多学校开设了过程类的课程，如基础化学、工程热力学、流体力学、过程原理等。

其次，要能设计、制造和操作过程装备就需要学习工程制图、大学物理、工程力学、工程材料、机械制造基础、机械原理、机械设计、过程装备、过程流体机械、压力容器设计等装备类的课程。

同时，要掌握过程装备的监测、控制和故障诊断等，便需要学习工程数学、电工学、模拟电子、数字电子、控制工程基础、气液压传动、装备控制技术、状态监测等控制相关课程。

这些课程的学习要求学生有扎实的基础理论知识，包括数学、物理、化学、英语、计算机等，学习数学也不能仅仅局限于选修多门数学课程，而是要知道自己为什么学习数学，要从学习数学的过程中掌握认知和思考的方法。学习英语的根本目的是为了掌握一种重要的学习和沟通工具，掌握跨文化团队合作交流的技巧，随着工程全球化进程的加快，这一点显得尤为重要。学习计算机的目的使所有大学生都应能熟练地使用计算机、互联网、办公软件和搜索引擎，都应能熟练地在网上获取知识。

过程装备的设计、制造、使用不仅需要必要的专业知识，同时要将这个工程问题放在整个社会的大系统中去，要考虑设计、制造的成本、节能效果、对安全、健康和生态环境的影响，以及外型美观合理等。所以学生在大学阶段还要学习人文、社会科学、管理等方面的基础课程。特别需要强调的是，过程工业的大规模、高参数化，也带来了更多的运行风险问题，为此，现代过程装备工程师必须更加注意健康、安全与环境（health，safety，environment，HSE）知识的学习。

能力是学习者对知识的内化、转化、迁移、组合、融合、拓展、运用、创新的水平和程度。人的能力是多种多样的，不同的个体具有不同的能力潜质和能力优势。但不论何种能力，都必须在学习知识过程中逐渐形成和发展。为此，过程装备与控制工程教育应高度重视学生全面能力的培养，在知识传授过程中培养学生的能力，下述方面尤为重要。

培养学生的学习能力。这主要是引导学生掌握适当的学习方法。除了在教学过程中教师的传授和学生的自身实践外，还应该通过自学、参加课外活动、同学间互相影响、协作等途径进行培养，使学生逐渐从一个依赖的学习者（dependent learner），过渡到独立的学习者（independent learner）和相互协助的学习者（interdependent learner）[3]。

提高学生的工程思维能力。这是一种借助上述较为广阔的知识、技能形成的综合思维能力，这种思维能力主要在教学活动中由教师或教材进行适当的引导和学生的自行领悟形成。

提高学生的工程实践能力，包括工程设计、工程实施等。工程设计能力，是以实践的可行性为目标，合理地整合所需的知识，对工程项目进行设计的能力。工程实施能力，是按照设计方案，对工程项目进行实际建造、运行、管理的能力。

工程实践是工程教育的重要特征，学生们只有在不断的实践和训练环节中进行尝试、摸索、研究和创新，才能不断提高今后解决工程问题的能力。过程装备与控制工程专业是一门实践性很强的专业，必须倡导产学研结合的模式。许多教师深入企业从事科学研究，并将工程实际问题带到课堂，提高了工程教育的水平。目前不少学校除了通过课程设计、实验、校内工厂实习外，还致力通过课外实践活动、创新活动和创业活动等手段，提高学生的动手实践能力，以适应现代工程师分析问题和解决实际问题的需要。

指导学生建立基本的价值判断能力。价值判断能力，是在工程设计和实施的过程中，基于责任意识，综合工程使用价值、经济价值、环境价值、社会文化价值和审美价值，进行理性判断与合理取舍的能力。这是运用哲学方法对各种价值理念进行分析、判断的能力。这种判断能力主要通过学生在日常生活中的自我教育、自我管理、自我服务并在参与学校的管理过程中得到培养和持续增长。

培养学生基本的社会能力，包括表达、人际交往、协调、组织、管理、应变能力的训练。是为保证工程设计和实施的成功，进行人际的表达、交往、协调、组织、管理的能力。这种活动能力主要也是通过学生在日常生活中的自我教育、自我管理、自我服务并在参与学校的管理过程中得到培养和持续增长。

我们必须充分认识到，由于知识呈几何级数不断增长与变化，过程装备与控制工程专业的知识亦快速膨胀，试图在大学四年就掌握所有知识是不可能的。关键是要培养学生“做中学”的习惯，通过实践掌握学习的方法并形成终生学习的意识，由此不断拓展自己的知识与能力。近年来，基于项目的学习（project based learning）已逐渐为许多高校采纳，得到不同程度的实践与运用。如华东理工大学，打破原有的课程设计体系，开设四个层次的基于项目的实践活动，即一年级的过程机械原理的小论文项目、机械基本制造项目，二年级的机械设计项目训练、三年级过程原理与设备项目训练和四年级的成套装备项目设计训练。同时鼓励学生参加“大学生研究项目”（university student research program，USRP）和创新活动，以提高学生的工程实践能力。不少大学还设立有“大学生创新实验计划”、“大学生创业基金”以及“大学生创新协会”，充分调动教师和学生的创新激情，将创新理念渗透在课堂教学、课程设计、课外活动中。在课程教学中将传统教学内容与创新思维、创新设计相结合。在课余活动中组织创新活动、创新设计比赛，给每一个学生以自主设计、独立操作的机会。这些活动，既是对理论学习成果的检验，也是对学生能力及创新意识的培养。

2006年华东理工大学发起的“全国大学生过程装备实践与创新大赛”，旨在推进基于项目的学习，已成为过程装备与控制工程专业大学生创新与实践的竞技平台，过去的大赛结合我国过程工业的科技前沿及工程实际，涌现出一批颇有实用价值的创新成果，如图5-3所示，为学生们结合我国原油战略储备计划设计的大型原油储罐，以及针对航空母舰开发的弹射飞机的蒸汽弹射系统。

知识、能力、素质三者是素质教育中的三个要素，并且是相辅相成的，素质是知识内化和升华的结果，能力是素质的一种外在表现。除了在专业教育中形成的科学素质方面（严谨的科学精神、良好的科学修养）和工程素质（扎实、宽厚的工程技术基础），过程装备与控制工程专业培养的学生还应具备多方面的素质。

在思想道德素质方面，过程装备与控制工程专业培养的学生应有科学的世界观、正确的人生观和价值观；诚信正直的品格，有高尚的道德情操，有较强的法制观念；有高度的社会责任感和团体向心意识等。

在文化素质方面，过程装备与控制工程专业培养的学生应有良好的人文修养、高雅的气质和高尚的品质；应能妥善处理人与自然、社会的关系；应具备竞争、民主、法纪等现代意识。

在身心素质方面，过程装备与控制工程专业的学生应具备稳定向上的情感力量，坚强恒久的意志力量，鲜明独特的人格力量：应有健康的心理，积极向上的生活态度；应能正确评价自己，善待他人；应能敢于承受挫折，具有坚忍不拔的毅力；应有较强批判精神、创新意识和竞争意识。

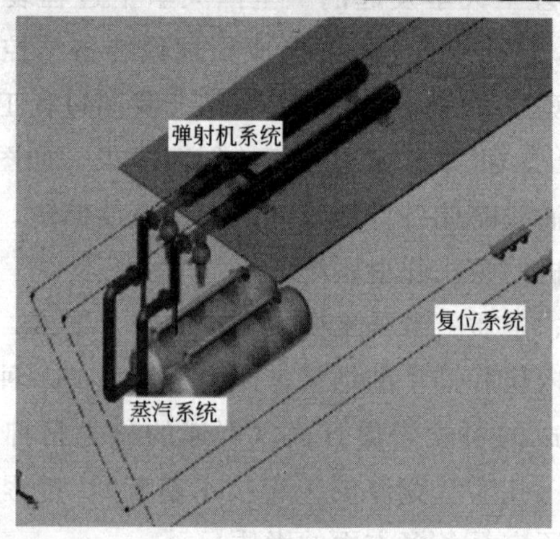

图 5-3 全国大赛部分作品

5.2 研究生教育

作为一个多学科交叉与综合的学科，过程装备与控制工程专业的学生有很好的深造与就业的机会。与过程装备与控制工程本科专业直接对应的研究生学科是“化工过程机械”，它隶属于“动力工程及工程热物理”一级学科。化工过程机械学科是国务院学位委员会 1981 年批准的首批具有硕士学位和博士学位授予权的学科之一。同时过程装备与控制工程本科专业属机械类，很多大学将过程装备与控制工程专业作为机械学院的主要专业，因此，过程装备与控制专业的本科毕业生也可以报考动力工程及工程热物理一级学科和机械工程一级学科所含的所有学科点。

动力工程及工程热物理学科，是研究能量、热、功和其它相关的形式在转化、传递过程中的基本规律，以及按此规律有效地实现这些过程的设备及系统的应用科学及应用基础科学。动力工程及工程热物理学科，在整个国民经济和工程技术领域内起着支持和促进的作用，在工学门类中占有不可替代的地位。动力工程及工程热物理应用于交通、工业、农业、国防领域，与人类生活、生产密切相关，并成为现代科学技术水平的综合体现，同时又几乎与所有的科学技术领域密切有关，推动人类利用能源与现代动力技术的发展。动力工程及工程热物理一级学科学位授权点含化工过程机械、流体机械及工程、热能工程、动力机械及工程、工程热物理和制冷及低温工程六个二级学科学位授权点。

过程装备与控制工程本科专业属于机械工程学科，归入机械学科教学指导委员会。机械工程科学是研究机械产品（或系统）的性能、设计和制造的基础理论和技术的科学，它是一门有着悠久历史的学科，是国家建设和社会发展的支柱学科之一。机械工程科学可分为两大分支学科：机械学和机械制造。

机械学是对机械进行功能综合并定量描述以及控制其性能的基础技术科学。它的主要任务是把各种知识、信息注入设计，并将其加工成机械系统能够接受的信息并输入机械制造系统，以便生产出满足使用要求和能被市场接受的产品。机械制造是将设计输出的指令和信息输入机械制造系统，加工出合乎设计要求的产品的过程。机械制造业是制造业的重要组成分，是国家工业体系的重要基础和国民经济各部门的装备部。机械制造技术水平的提高与进步对整个国民经济的发展，以及科技、国防实力的提高有着直接的重要的影响，是衡量一个国家科技水平和综合国力的重要标志之一。机械工程一级学科学位授权点含机械设计及理论、机械制造及其自动化、机械电子工程、车辆工程四个二级学科学位授权点。

由于过程装备与控制工程专业与化学工程与技术、控制科学与工程、力学、安全技术及工程、管理科学与工程等学科密切相关，因此也有同学选择报考这些学科。与本专业主要相关的研究生学科见图 5-4。

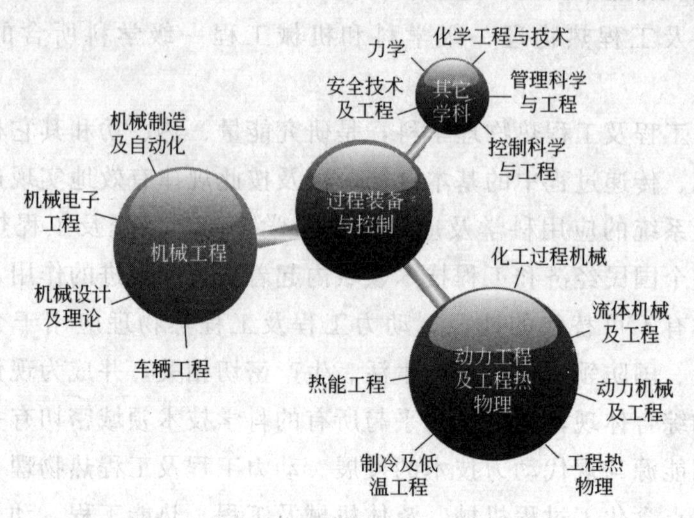

图 5-4　相关研究生学科

5.3　大学生就业

过程装备与控制工程专业培养的学生具有知识面广、基础扎实、能力较全面，因此毕业生就业面广、就业率高。过程装备与控制工程专业毕业生的主要去向包括：就业、继续深造、自主创业、出国等（见图 5-5）。就业单位的类型有企业、研究所、设计院、机关、学校等。

毕业生就业的行业包括：石油、化工、冶金、发电（火力/核发电）、制药、电子、食品、饮料、煤气生产、橡塑制品、水的生产与供应、印染、废弃资源和废旧材料回收加工、管道运输等。

近年的就业信息表明社会对过程装备与控制工程专业的毕业生有很大的需求，供求比一般达到是 1∶3（每个毕业生平均有 3 个就业岗位可以选择），一些经济发达地区甚至达到 1∶6 以上。如图 5-6 所示为某大学的毕业生对单位性质的选择。

从毕业生对单位性质的选择可以看出，排前三位的单位性质依次是：国营、合资，集体。学生的择业观日趋成熟，打破了到大公司就是捧到了金饭碗的定律，同时也不再认为小公司就没有发展前景，近年来

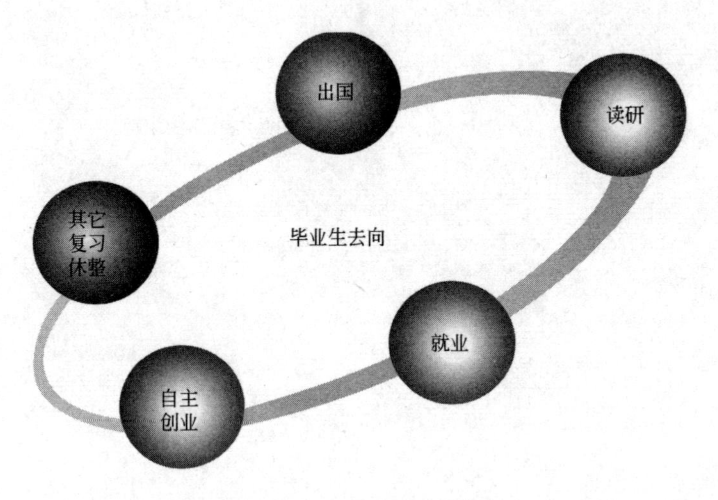

图 5-5　毕业去向

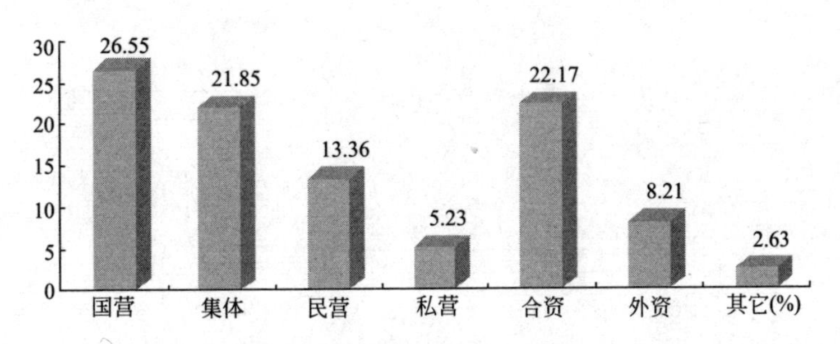

图 5-6　毕业生就业单位性质分类

到民营企业、中小企业就业的毕业生不断增多。

参考文献

1　涂善东．解读全面工程教育理念．中国教育报．2007年11月2日（中国教育新闻网，http：//www.jyb.cn/cm/jycm/beijing/zgjyb/3b/t20071102_123107.htm）．

2　全国工程教育专业认证专家委员会．全国工程教育专业认证标准（试行），2007年6月．

3　Rugarcia A，Felder RM，Woods D，Stice JE. The future of engineering education I. A Vision for a new century. Chemical Engineering Education 2000；34(1)：16-25.